よくわかる重力と宇宙

基本法則から重力波まで

［監修］佐藤勝彦

はじめに

重力って何だろう？

1972年に月面着陸したアポロ16号の宇宙飛行士。月の重力は地球の6分の1だ。

重力のなぞ

みなさんは手にもったものをはなすと地面に落下することは当たり前のこととしてよく知っていますね。このようにものが落下するのは、地球とあらゆるもの（万物）の間に「重力」という力がはたらいているからです。

重力を研究することで、月が速いスピードで地球のまわりを運動しているにもかかわらず、遠くへ飛んでいったりしないのは、月と地球の間に重力がはたらいて引きあっているからだとわかりました。さらに、引きあう力である重力は、あらゆるものの間に、はたらいていることがわかってきました。

それでは、なぜ、万物の間に重力がはたらくのでしょうか？　天才的な物理学者であるアインシュタインは、トランポリンの上に重い鉄の球をのせたときにトランポリンの面が曲がるように、ものがあると、そのまわりの空間が曲がるのだと考えました。トランポリンに２つの鉄の球をのせると、トランポリンの表面の曲がりの効果で、たがいに引きあっているように近づきます。これと同じように、２つの物体の間に重力がはたらくのは、空間が曲がるためです。

アインシュタインは1915年、空間の曲がりによって重力が生じるのだという「一般相対性理論」をつくりあげました。

宇宙のなぞ

みなさんは、わたしたちが住んでいるこの宇宙が大爆発(ビッグバン)で生まれたという話を聞いたことがあるでしょう。このビッグバンもアインシュタインの一般相対性理論から予言されました。また、新聞やニュースでもしばしばしょうかいされるブラックホールが、宇宙にあることも予言されました。さらに、2015年には「重力波」が地球上の装置で初観測されました。重力波とは、空間の曲がりがあたかも水面が波立つように伝わるもので、アインシュタインが予言したものです。その重力波が、一般相対性理論が発表された100年後に初観測されたのです。

宇宙には多くのなぞが残されています。ダークマター(暗黒物質)やダークエネルギー(暗黒エネルギー)という未知のものが、宇宙の構成要素の95%をしめていることもわかりました。いま、宇宙は膨張を続けていますが、膨張はスピードアップしていることもわかってきました。わたしたちの住むこの宇宙は、これからどのようになるのでしょうか。

この本を通じて、これらの宇宙のなぞを知っていただき、そのなぞをとく研究のおもしろさを感じていただければ、たいへんうれしく思います。

佐藤勝彦

重力が消えた!?

飛行機が地球の重力に引かれて加速しながら落ちていくときに、機内は無重力状態になる。それには重力以外のある「力」が関係している(→ p.32)。

よくわかる重力と宇宙

もくじ

はじめに …… 2

この本の使いかた …… 6

第1章 「重さ」って何？

重さの調べかた …… 8

くらべてわかる重さの正体 …… 10

地球と月で体重をはかる …… 12

「質量」のひみつ …… 14

落体の法則 …… 16

慣性の法則 …… 18

ケプラーの３つの法則 …… 20

万有引力の法則 …… 22

地球の重力のはたらき …… 24

月と太陽の重力のはたらき …… 26

★コラム 海王星 …… 28

第2章 重力と相対性理論

「相対性理論」って何？ 30
重力と慣性力は同じ！ 32
空間の曲がりによる力 34
ふしぎな重力レンズ 36
ブラックホールのひみつ 38
重力と時間 40
ダークマター（暗黒物質） 42
むかしの宇宙、いまの宇宙 44

★コラム 超ひも理論 46

第3章 「重力波」って何だろう？

重力波 48
重力波の観測法 50
干渉を利用した観測法 52
LIGOがとらえた重力波 54
KAGRAのしくみ 56
重力波で宇宙を観測 58
宇宙誕生のひみつを探る 60

さくいん 62

【この本の使いかた】

第1章 「重さ」って何？

重さと質量は何がちがうのでしょう？　第１章では、さまざまなものの重さをくらべながら、わたしたちの身のまわりではたらくいろいろな力について解説します。

第2章 重力と相対性理論

アインシュタインは「重力の正体は、空間のゆがみである」と考えました。第２章ではアインシュタインが考えた重力の姿をしょうかいします。

第3章 「重力波」って何だろう？

質量をもつものが動くと、空間のゆがみが波のように、あらゆる物体をすりぬけて伝わります。これが重力波です。第３章では重力波の観測について説明します。

こうやって調べよう

★もくじを使おう

知りたいことや興味があることを、もくじから探してみましょう。

★さくいんを使おう

さくいんを見れば、知りたいことや調べたいことが何ページにのっているかがわかります。

第1章
「重さ」って何？

重さの調べかた

体重をくらべよう

背が低く太っている人と、背が高くやせている人がいます。この二人を目で見ただけで、どちらの体重が重いのかわかりますか。また、この本を読んでいるみなさんは、自分のいまの体重をズバリいい当てることができますか。「だいたいこれくらい！」とはいえても、自分の体重をぴたりといい当てるのはむずかしいはずです。

どちらが重い？

見ただけでは、重さを正確にいい当てることはむずかしい。

重さを数字で表そう！

体重だけでなく、いろいろなものの重さは目に見えないので、すぐにはわかりません。でもそれを目に見えるようにする方法があります。バネばかりや台ばかりを使うのです。バネばかりを使うと重さを「長さ」に、台ばかりを使うと重さを「針の向き」に変身させることができます。最近ではデジタル表示のはかりが多いので、長さや向きではなく「数字」に変身させているのを見ることが多いかもしれません。

いずれにしても「重さ」という目に見えないものを、目に見えるように表しているのです。

くらべてわかる重さの正体

いろいろな重さくらべ

バネにものをつるすと、重さによってのびる長さがちがいます。軽いものをつるすとバネは少ししかのびませんが、重いものをつるすとバネは長くのびます。そのようなバネの性質を利用したはかりがバネばかりです。

たとえば、陸上にいる動物の中で、いちばん重いのはアフリカゾウで、オスの体重は約6000kgもあります。わたしたち人間は、おとなで約60kgくらいですから、 人間の約100倍です。

バネにつるせば、人間よりもアフリカゾウのほうが、バネが長くのびることになります。

どっちが重い？

バネばかりではかってみよう

重さの正体は、地球の重力がものを引っぱる力

バネを横にして手で引っぱっても、バネはのびます。これは重さによってバネがのびているのではなく、手で引っぱる「力」によってバネがのびているのです。

ものをつるしたときにバネが引っぱられるのも、じつは力がはたらいています。その力は、地球の「重力」です。重力は、重いものほど地面の方向に強く引っぱろうとします。

そのため、重いものをつるすとバネは長くのびるのです。

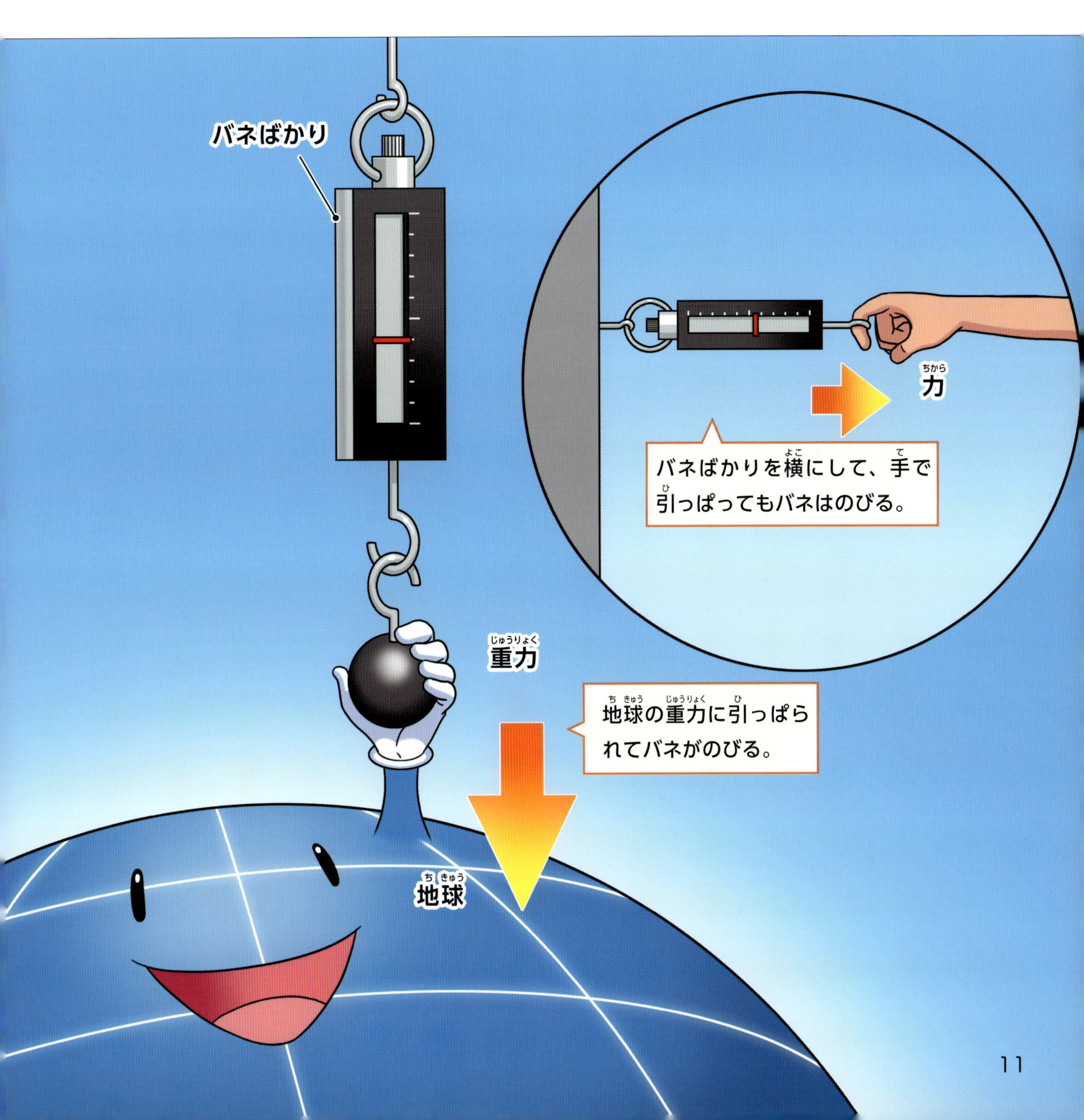

地球と月で体重をはかる

バネばかりではかると、月面ではどうなる？

重力の大きさは、地球上ではどこでもだいたい同じです。ですから、同じ人がバネばかりを使ってどこで体重をはかっても、同じ体重になります。

しかし、地球以外の星の重力は、地球とはちがいます。重い星では重力が大きく、軽い星では重力が小さいのです。そのため、バネばかりを使って体重をはかると、体重がちがってきます。

たとえば、月の表面での重力は、地球上の重力の６分の１です。月面では、下に向かってものを引っぱる力が弱いのです。そのため、同じバネばかりで体重をはかると、地球上ではかった体重の６分の１になります。

月面を歩くアポロ14号の宇宙飛行士（1971年）。

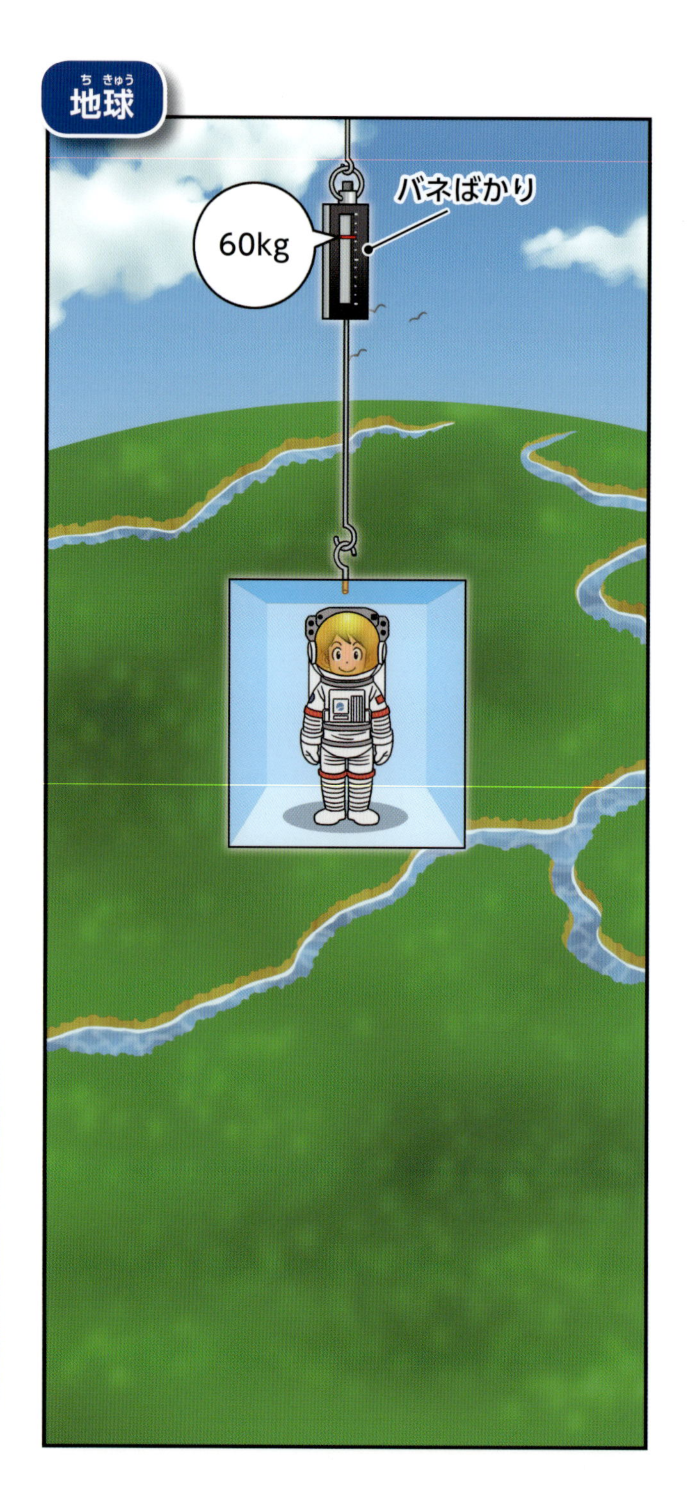

木星ではかると、どうなる？

惑星の表面での重力は、惑星の重さだけではなく、惑星の重心からどれくらいはなれているかも関係しています。

惑星が重いほど表面での重力は大きくなるのですが、重心からはなれるほど、重力は小さくなります。

太陽系で最大の惑星である木星の重さは、地球の318倍ですが、直径が地球の11倍あるため、木星の表面での重力は地球の2.37倍になります。

地球上で60kgの人の体重は、月面では10kgをさす。宇宙飛行士がやせて、体重が６分の１になったわけではない。

体重は６分の１に

地球で60kgの人の体重は、木星表面では142kg。

体重は2.37倍に

「質量」のひみつ

天秤ばかりではかると、月面ではどうなる？

月面のように、地球とどれくらい重力がちがうのかがわかっていれば、バネばかりではかったとしても、地球にいたときにくらべて、自分の体重がふえたのかへったのかがわかります。

しかし、重力がわからない星へ旅行したときには、こまってしまいます。

そんなときには天秤ばかりを使えば、自分の体重がどれくらい変わったのかを知ることができます。

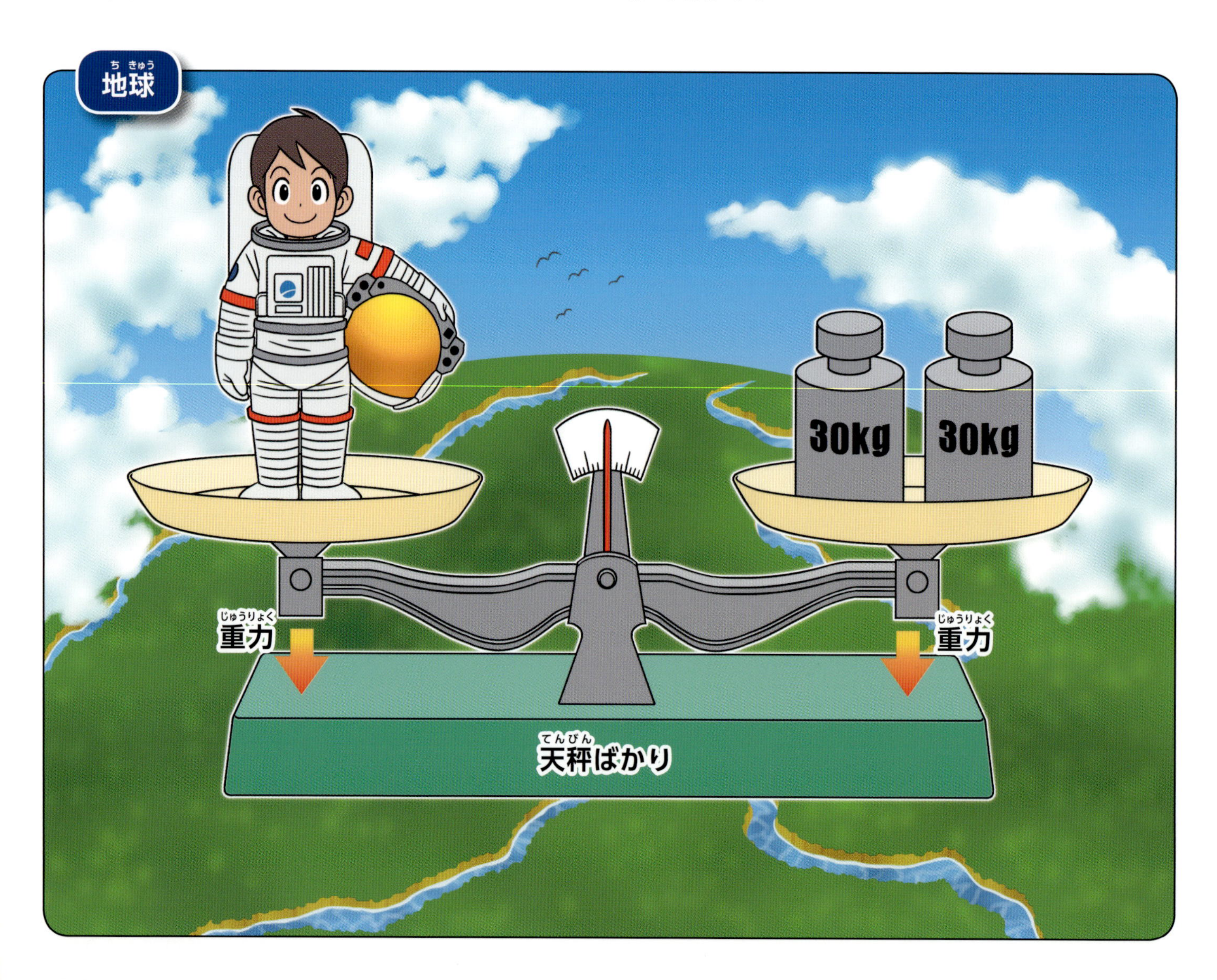

どこではかっても変わらない質量

天秤ばかりは、公園にあるシーソーのようなしくみのはかりです。一方の皿に宇宙飛行士をのせ、もう一方の皿に、宇宙飛行士とつりあうまで、おもりをのせていきます。ちょうどつりあったときのおもりの重さが、宇宙飛行士の体重です。

天秤ばかりを使って月面ではかると、宇宙飛行士を下に引っぱる重力は、地球表面での重力の6分の1になります。しかし、おもりを引っぱる重力も6分の1になるので、ちょうどつりあいます。重力の強い星でも、同じようにつりあいます。

天秤ばかりではかった体重のように、どこではかっても変わらない量を「質量」といいます。これは、物質がもっているもともとの量のことです。

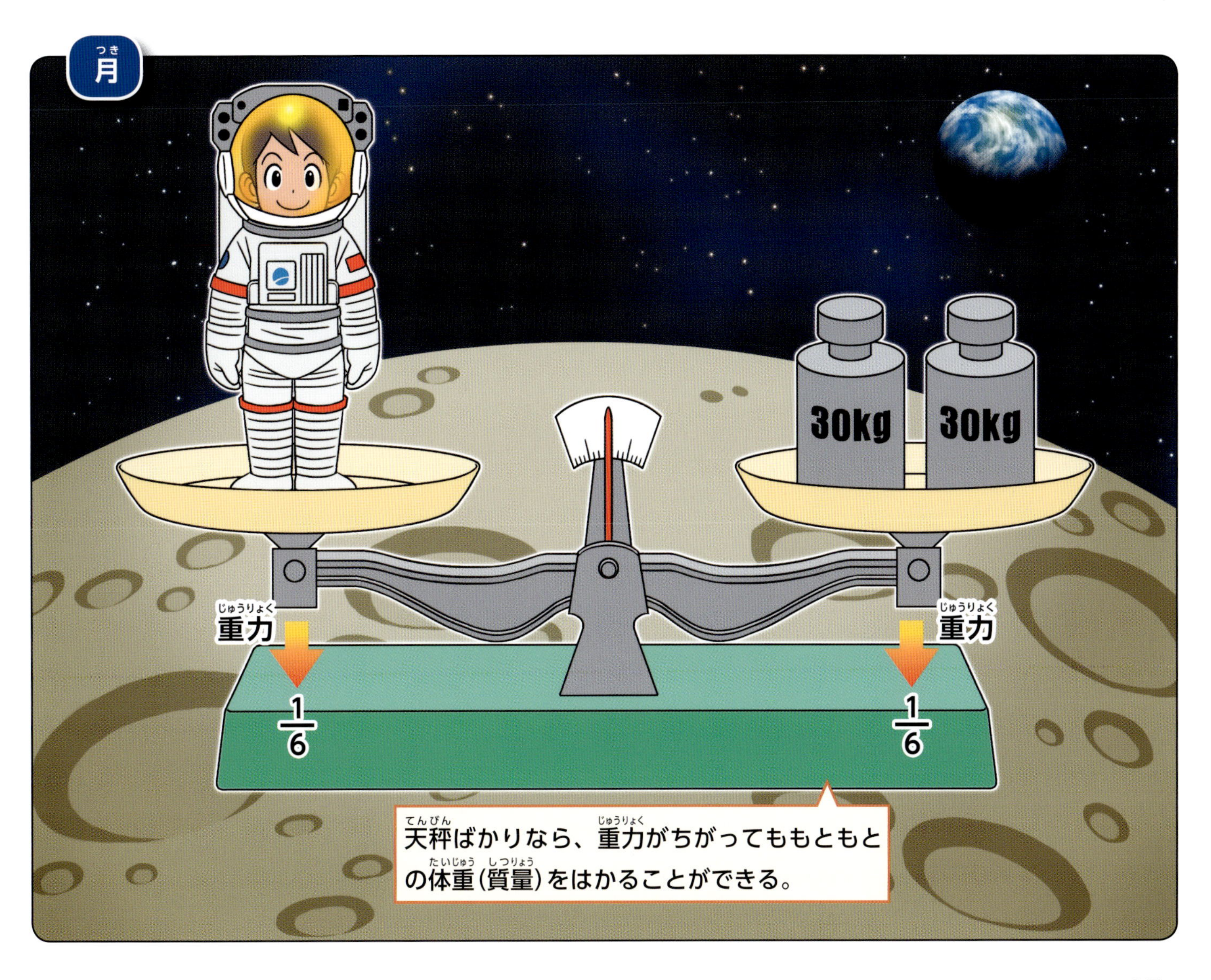

天秤ばかりなら、重力がちがってももともとの体重（質量）をはかることができる。

重いものと軽いものを同時に落としたら？

落体の法則

先に落ちるのはどっち？

十円玉※と鳥の羽毛を、同じ高さから同時に落としたら、どちらが先にゆか（地面）に着くでしょうか。実際にためしてみましょう。十円玉のほうが先にゆかに着いて、羽毛はゆっくりと落ちていきます。でも、羽毛がゆっくり落ちるのは「軽いから」ではありません。

今度は、1枚のティッシュペーパーを丸めたものと丸めていないものを、同時に落とします。両方とも同じ重さですが、丸めたほうが先にゆかに着くのです。

重さと空気の関係

同じ高さから同時に落とす

十円玉　羽毛　丸めたティッシュ　丸めていないティッシュ

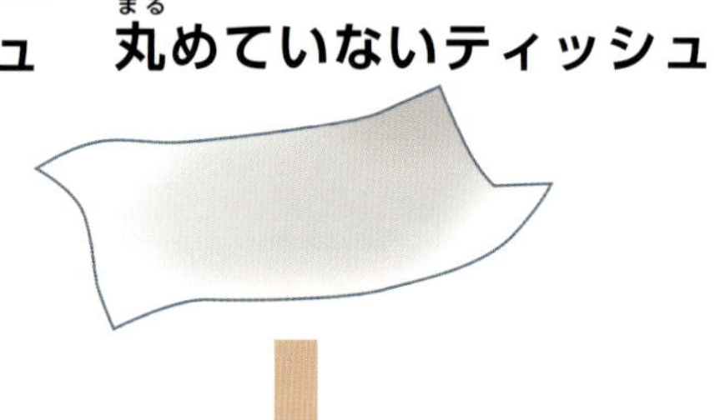

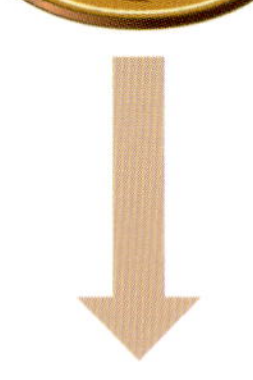

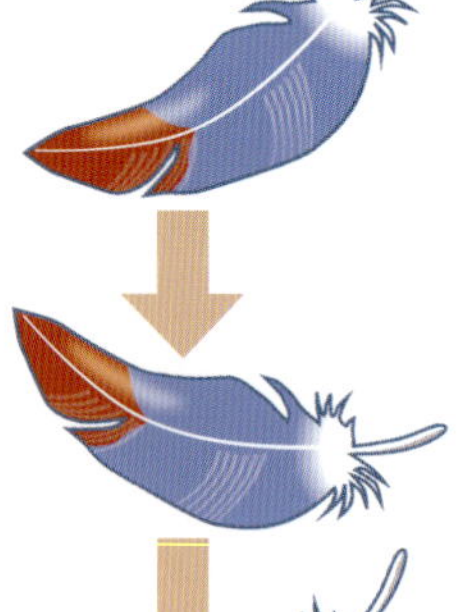

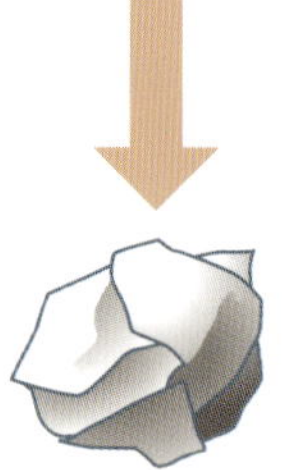

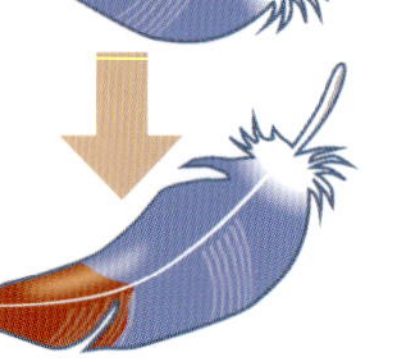

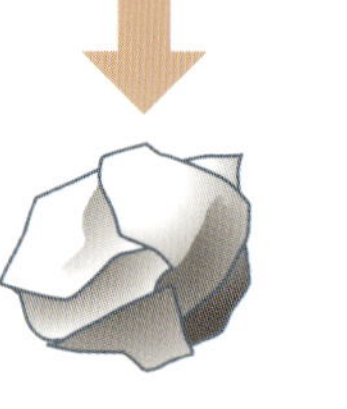

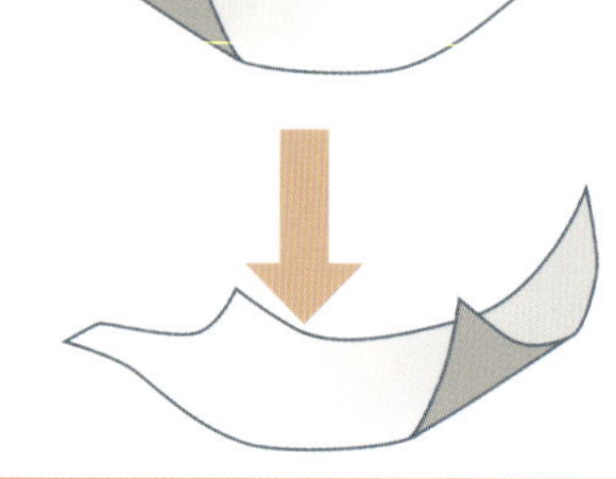

同じ高さから十円玉と鳥の羽毛を同時に落とすと、十円玉のほうが早くゆかに着く。十円玉が早く落ちるのは、重いから？

同じ高さから、ティッシュを丸めたものと丸めていないものを同時に落とすと、丸めたティッシュのほうが早くゆかに着く。ゆかに着くのが早いかおそいかは、重さとは関係ない。

※十円玉（硬貨）の1枚の重さは約4.5g。

なぜ、落ちる速さがちがうの？

羽毛や丸めていないティッシュペーパーがゆっくり落ちるのは、じつは、空気がじゃまをしているからです。空気がじゃますることを、「空気ていこう」といいます。空気をぬいた状態（真空）の箱の中で同じことをためしてみると、十円玉も羽毛も、丸めたティッシュペーパーも丸めていないものも、すべて同時にゆかに着きます。

これは17世紀にイタリアのガリレオ・ガリレイ（1564～1642年）が発見した法則で「落体の法則」とよばれています。1971年、アポロ15号の宇宙飛行士が、空気のない月面でハンマーと羽根を同時に落としてみたところ、実際にどちらも同時に地面に着きました。

真空

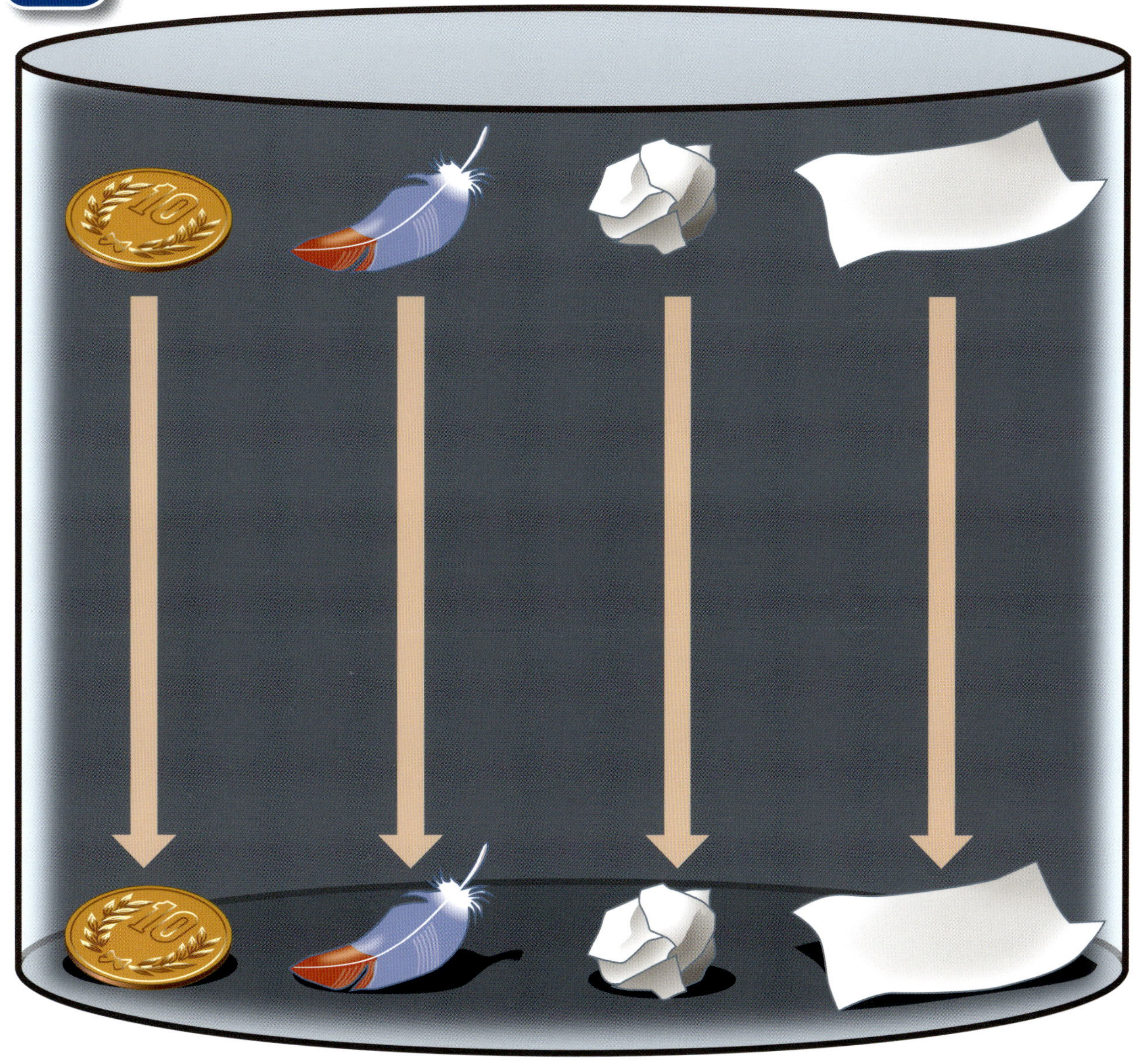

そのままの状態がずっと続く？

慣性の法則

身近な慣性の法則

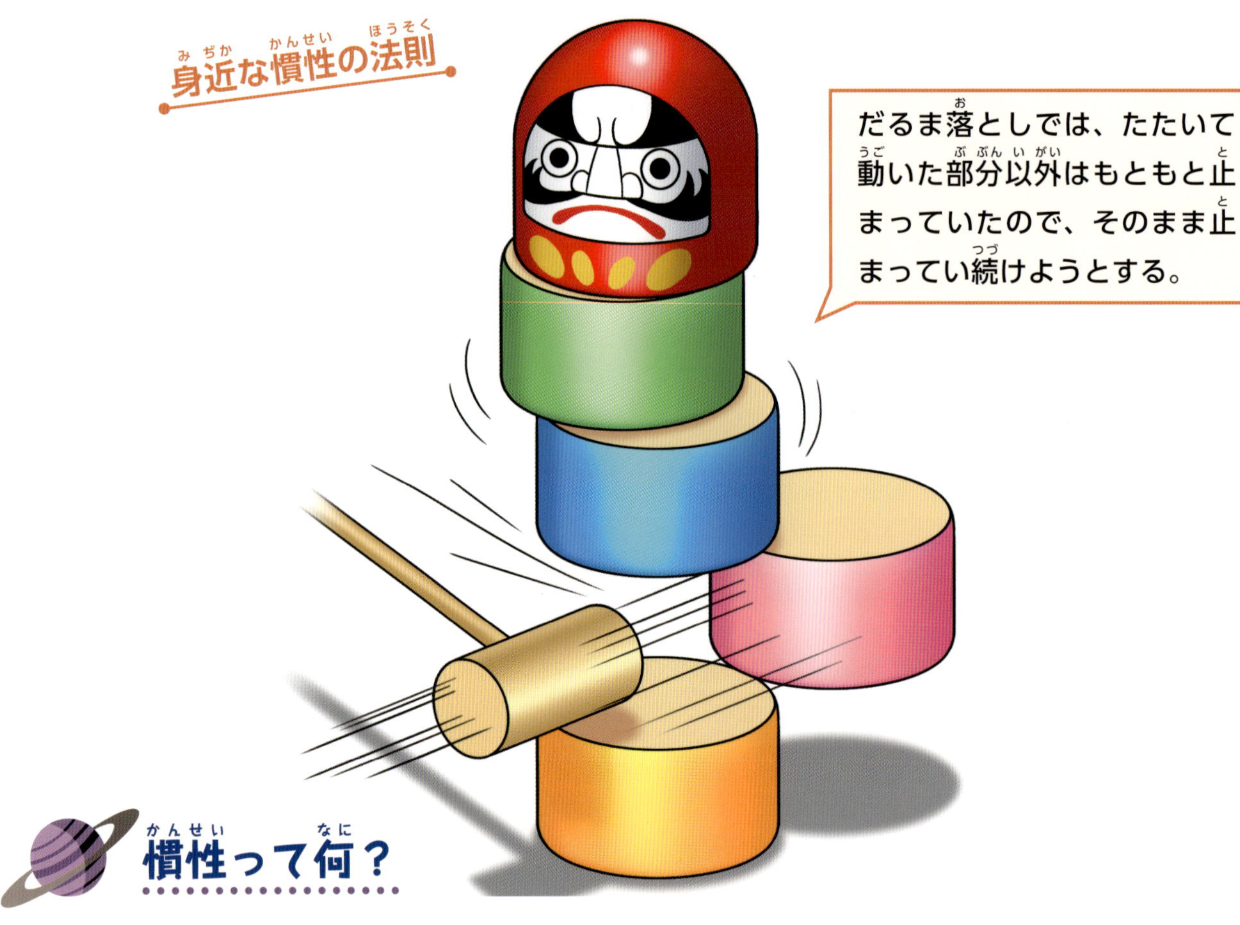

慣性って何？

外から力を加えないかぎり、止まっているものはずっと止まり続け、同じ速さでまっすぐ運動している（これを等速直線運動といいます）ものは、ずっと同じ速さでまっすぐ進もうとする性質をもっています。

このような性質を「慣性」といい、その運動状態を変えないという法則を「慣性の法則」といいます。

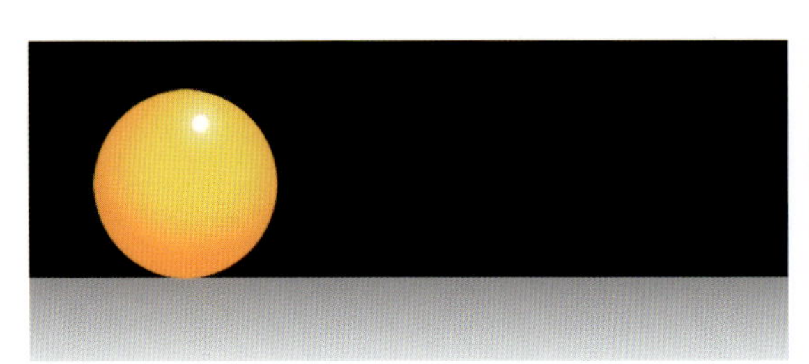

止まった球は止まったまま動かない。

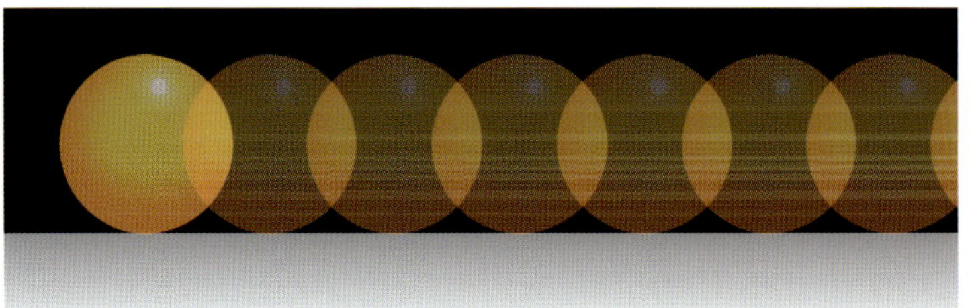

まさつや空気ていこうがなければ、球は転がした力に応じたスピードでまっすぐ進み続ける。

電車の中の慣性力

電車が急に速度を上げて加速したとき、電車の進む方向とは逆向きに体がもっていかれそうになったことはありませんか。等速直線運動をしているとき、電車とその中の乗客は、同じスピードで動いています。慣性の法則のため、電車が急に速度を上げても、乗客は等速直線運動をし続けようとするのです。

急ブレーキをかけて減速したとき、乗客はもとの速度で進むため、進行方向に体がもっていかれます。このとき乗客は、進行方向に向かって力を受けているように感じます。このような力のことを「慣性力」といいます。

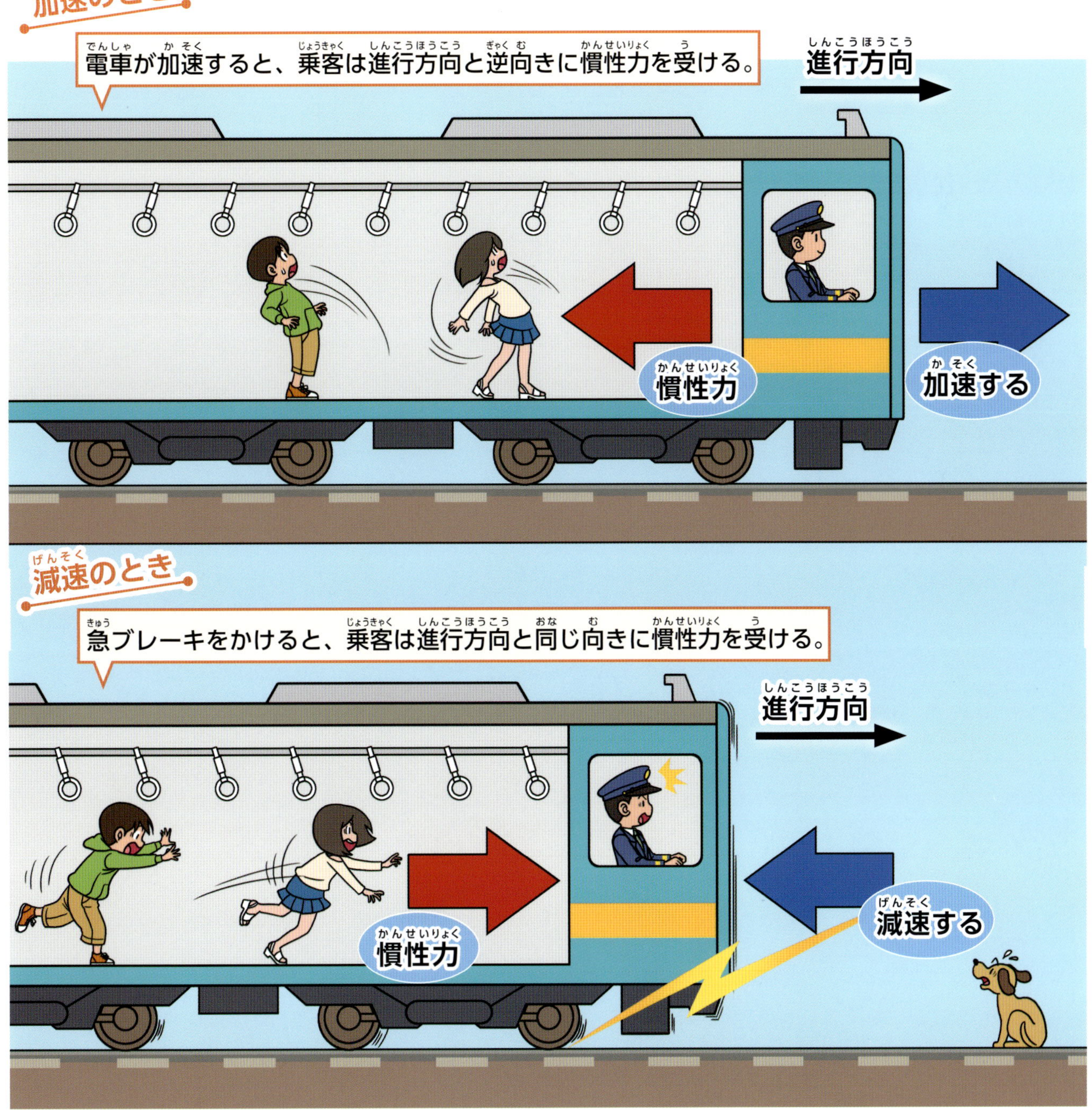

ケプラーの３つの法則

太陽系の惑星は、３つの法則のとおりに動く

太陽系では太陽のまわりを水星、金星、地球、火星、木星、土星、天王星、海王星という８つの惑星がまわっています。それらの惑星は「ケプラーの法則」とよばれる３つの法則にしたがって動いています。

17世紀にヨハネス・ケプラー（1571～1630年）が、かれの先生が残した多くの観測記録をもとにして考えだした法則です。

惑星の軌道は楕円

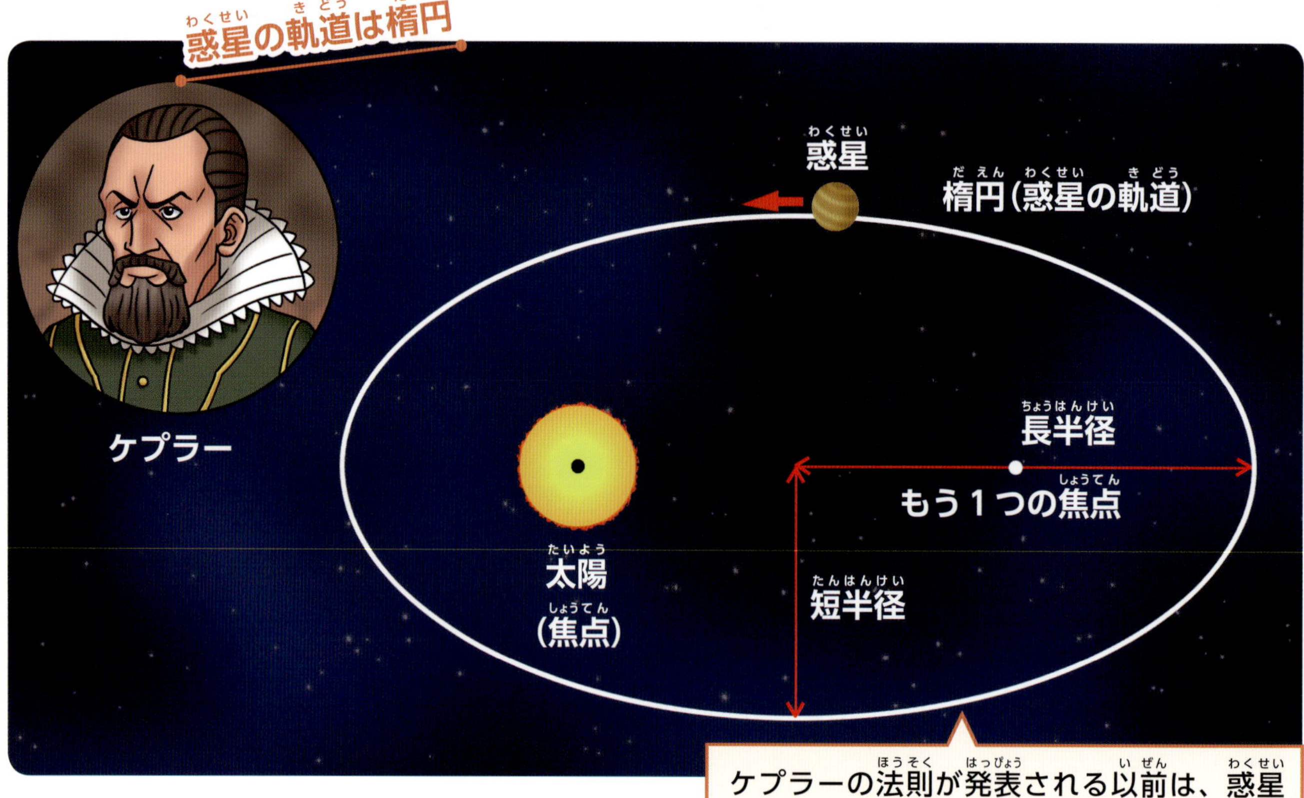

ケプラーの法則が発表される以前は、惑星の公転軌道は真円と考えられていた。
２つある焦点のうちの１つの焦点の位置に、太陽がある。

第１法則

ケプラーの１つ目の法則は、太陽のまわりをまわるときの惑星の通り道（公転軌道）が楕円であるというものです。

公転軌道が真円ではなく楕円であるため、惑星は太陽に近づいたり、太陽から遠ざかったりします。

※上の図と21ページの上の図は、楕円を強調している。実際は円に近い楕円になる。

第2法則

2つ目の法則は、太陽と惑星を結ぶ線が、一定の時間に動くことでえがかれる形の面積が等しいということです。

これは、太陽に近いところでは惑星の動きが速く、太陽から遠いところでは惑星の動きがおそいことを表しています。

一定時間にえがく面積は同じ

惑星と太陽を結ぶ線が一定の時間にえがく面積は一定である。
図の赤むらさき色で表した部分の面積が等しい。

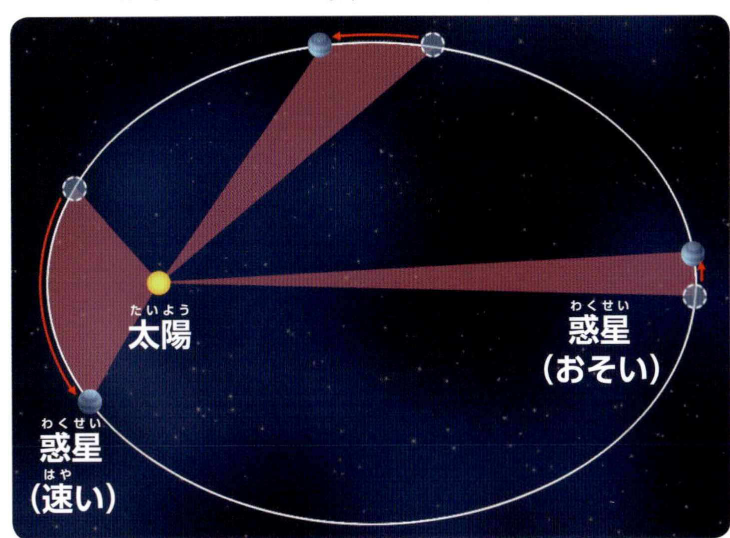

第3法則

3つ目の法則は、太陽から惑星までの平均きょり※1と、その惑星が太陽のまわりを1周するのにかかる時間（公転周期）との間に、ある決まった関係があるというものです。

じつは、公転周期の2乗※2と、太陽からの平均きょりの3乗の比率は、どの惑星でも同じです。これは、太陽から遠い惑星ほど、公転周期が長いことを表しています。

公転周期と太陽までのきょり

惑星の公転周期の2乗と太陽からの平均きょりの3乗の比率は、どの惑星でも同じ※3。

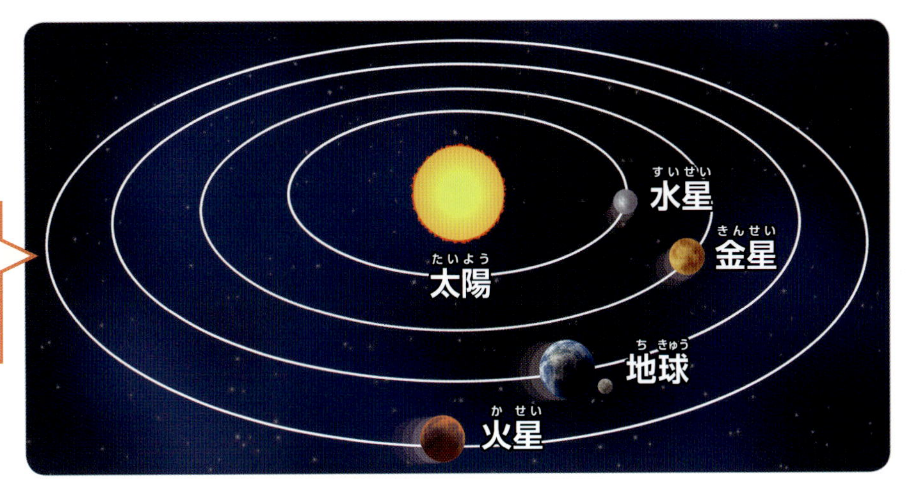

※1 太陽から惑星までの平均きょりは公転軌道の楕円の長半径になる。

※2 同じ数をくり返し掛け算することを「累乗」といい、同じ数を2回掛けたものをその数の2乗という。

※3 たとえば、地球の公転周期は365日、太陽からの平均きょりはおよそ1億4960万kmだ。1つ外側の軌道をまわる火星は、公転周期が687日、太陽からの平均きょりはおよそ2億2794万kmである。計算すると、どちらも比率がほぼ同じになる。

すべてのものは引きつけあう？

万有引力の法則

万有引力って何？

17世紀、アイザック・ニュートン(1642～1727年)は「質量をもつすべてのものは引きつけあっている」と考えました。ニュートンは、その引きつけあう力のことを「万有引力」とよびました。この万有引力は、これまで出てきた重力とほぼ同じものです[※1]。

万有引力は、質量が大きいほど大きくなります。また、遠くなるほど万有引力は小さくなります。ニュートンが考えだしたこの法則は「万有引力の法則」とよばれています。

きょりと万有引力

万有引力は、２つの物体のきょりの２乗に反比例[※2]して小さくなる。たとえば、２つの物体のきょりが２倍になると、万有引力の大きさは４(＝２× ２)分の１になる。きょりが３倍になると、万有引力は９(＝３× ３)分の１になる。

※1 地球のように自転している天体の上では、重力は万有引力から遠心力を引いたものになる。天体どうしの間では、重力と万有引力はほぼ同じものと考えてよい。

※2 ともなって変わる２つの数量があり、一方の数量が２倍、３倍……とふえるにつれ、もう一方の数量が２分の１、３分の１……とへっていく関係。

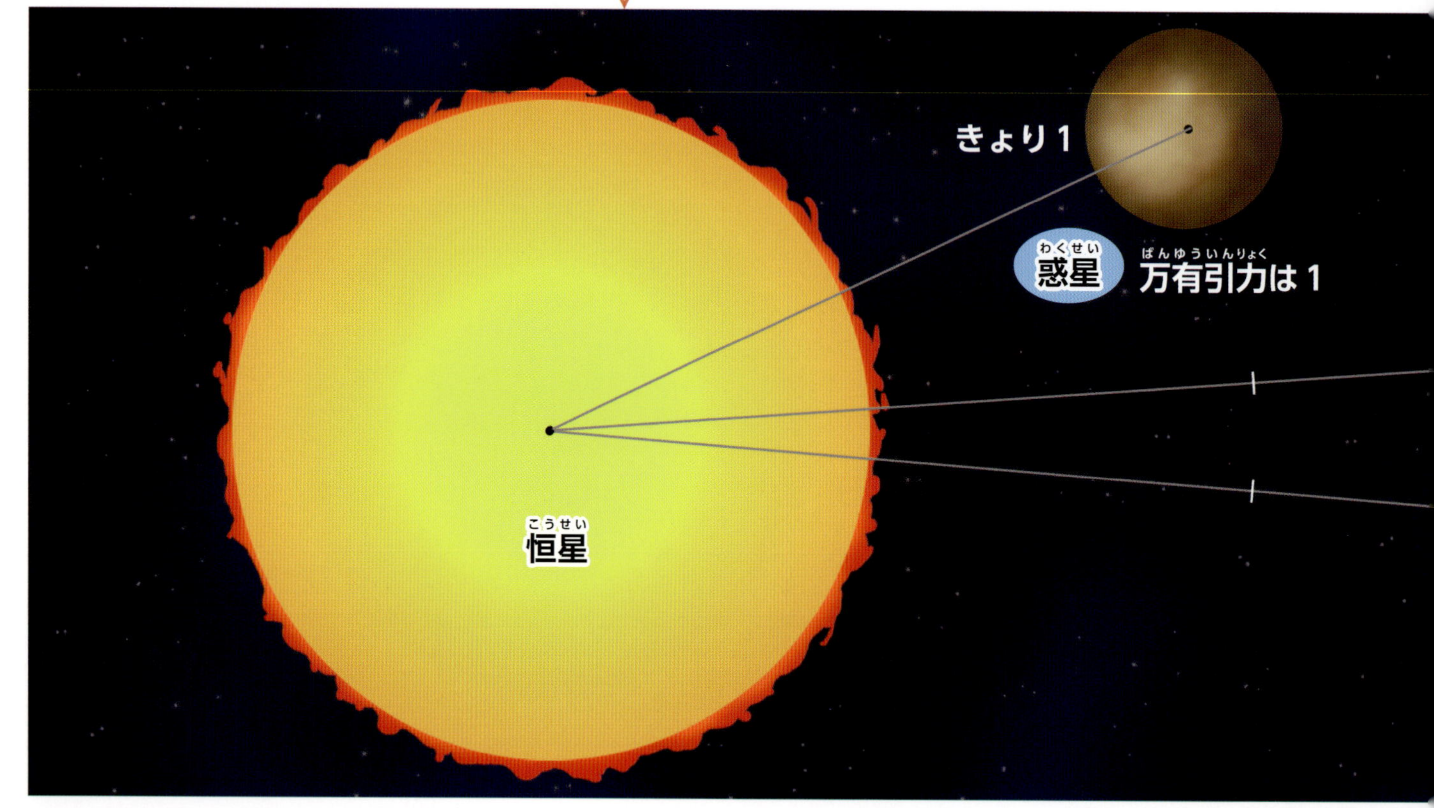

万有引力のはたらき

地球上にあるものはすべて、地球から引っぱられる力を受けています。たとえばリンゴが木から落ちるのも、その力がはたらいているからです。

しかし、じつは、リンゴのほうも地球をほんの少しだけ引っぱっています。地球とリンゴは引きつけあっているのです。

ニュートンは、「リンゴの実が木から落ちるのも、月が地球のまわりをまわるのも、万有引力がはたらくからだ」と考えました。それまでは、地上でリンゴが落ちるときにはたらく法則と、月が地球のまわりをまわるような宇宙ではたらく法則は、別のものと考えられていたのです。

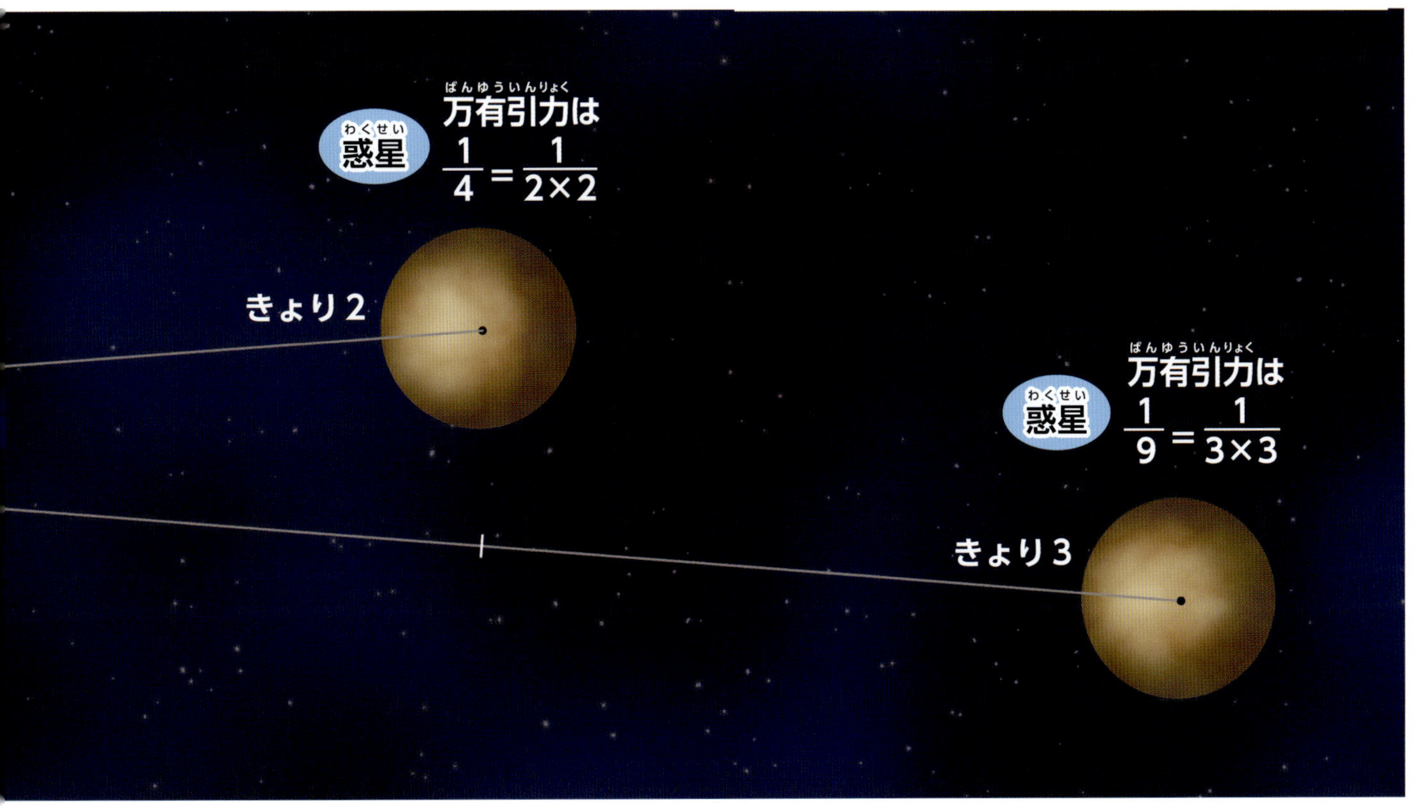

地球の重力のはたらき

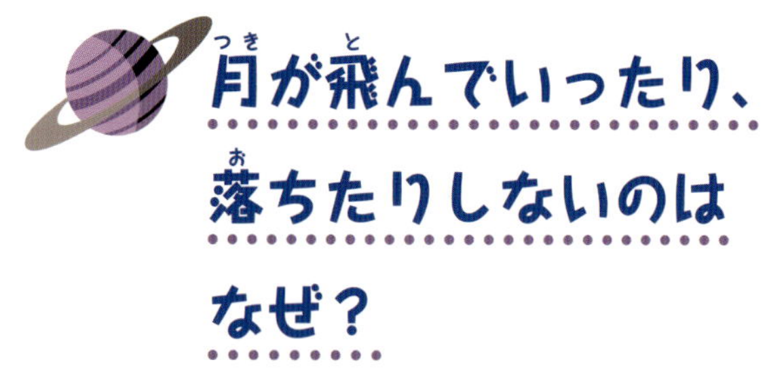

月が飛んでいったり、落ちたりしないのはなぜ？

月は地球のまわりをまわっています。地球に落ちてくることもなければ、どこか遠くへ飛んでいってしまうこともありません。

慣性の法則によれば、外から力がはたらかなければ、運動しているものはまっすぐ同じ速さで進み続けます。もちろん月も同じです。かりに何の力もはたらかなければ、動いている月はまっすぐ同じ速さで等速直線運動を続けるはずです。しかしそうならないのは、地球の重力がはたらいているからです。

飛んでいこうとしている月を引っぱる力

まっすぐ進もうとしている月に、外からの力（地球の重力）がはたらいて、月は地球のほうにつねに落下し続けています。

しかし、地球が月を引っぱる力と、月が動くスピードとが、ちょうどよい関係にあるので、月は地球に落ちることもなければ、遠くへ飛んでいってしまうこともなく、地球のまわりをまわり続けています。地球の重力と、月が動く速さのバランスがくずれると、月は遠ざかったり近づいたりすることになります。

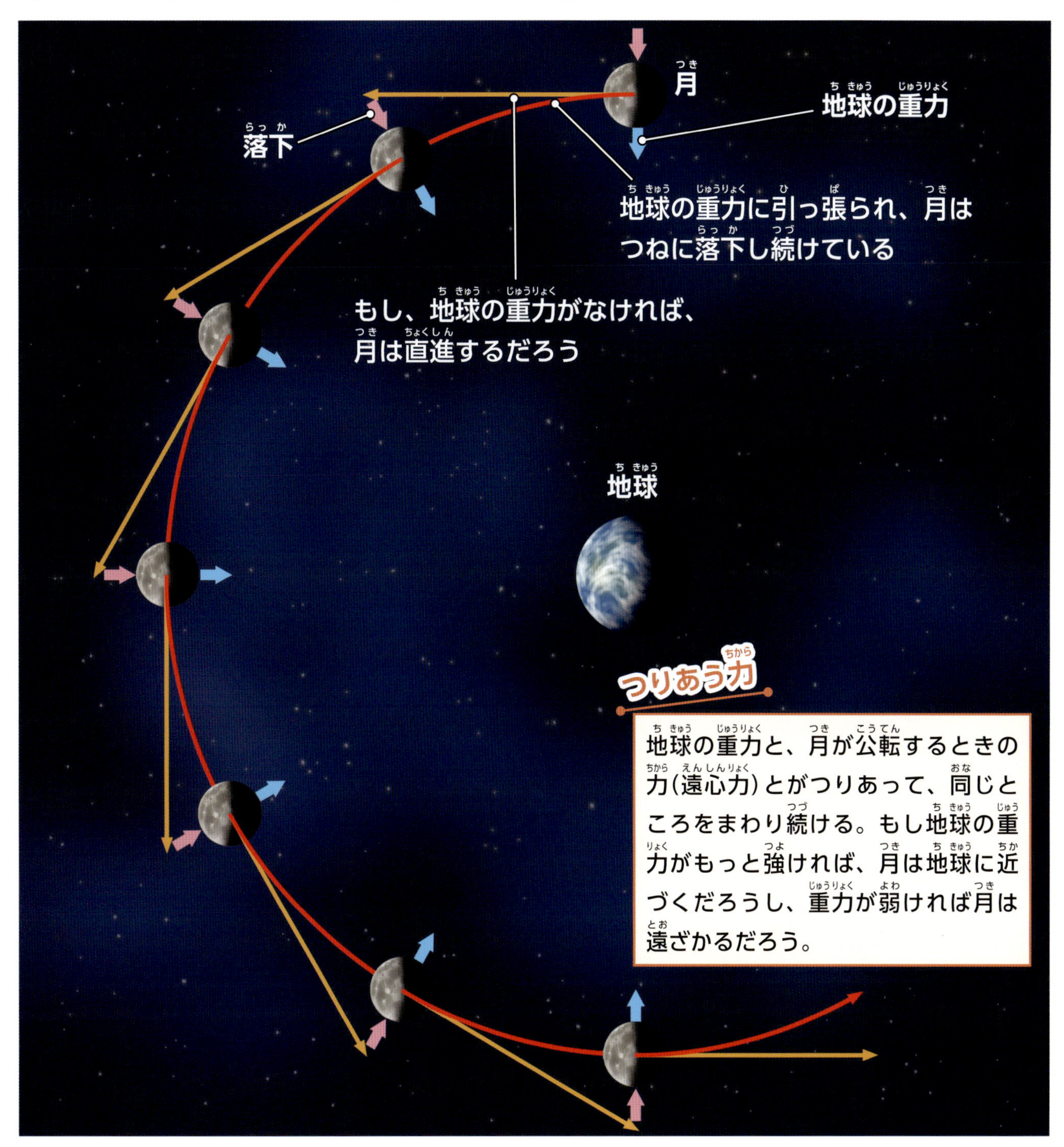

潮の干満はなぜおこるの？

月と太陽の重力のはたらき

海の高さが変わる!?

海水面の高さは1日に2回、高くなったり低くなったりします。これを潮の干満といい、海面がいちばん高くなったときのことを満潮、いちばん低くなったときのことを干潮といいます。潮の干満は、月の重力のえいきょうで、海全体の形が変わることでおこります。

地球の表面のうち、月に向いたところでは、月の重力によって海水が引っぱられて満潮になります。このとき月と反対側でも、満潮になります。それ以外のところでは、海水が引っぱられて盛り上がった分、海水が少なくなって海面が低くなり、干潮になるのです。

地球は1日に1回自転しています。地球上のある地点は1日1回、月に面することになるので、満潮や干潮は1日に2回ずつおこることになります。

満潮のとき

厳島神社（広島県）の満潮のようす。

干潮のとき

海面が低くなる。人が歩けるほどだ。

太陽の重力もはたらく

潮の干満には太陽の重力もえいきょうします。満月や新月のときは、太陽と地球、月が一直線上にならびます。そのようなときは太陽と月のえいきょうが重なりあって、干満の差が大きくなります。これを大潮といいます。

月と地球、太陽が直角にならぶと、太陽と月のえいきょうが打ち消しあって干満の差が小さくなります。これを小潮といいます。

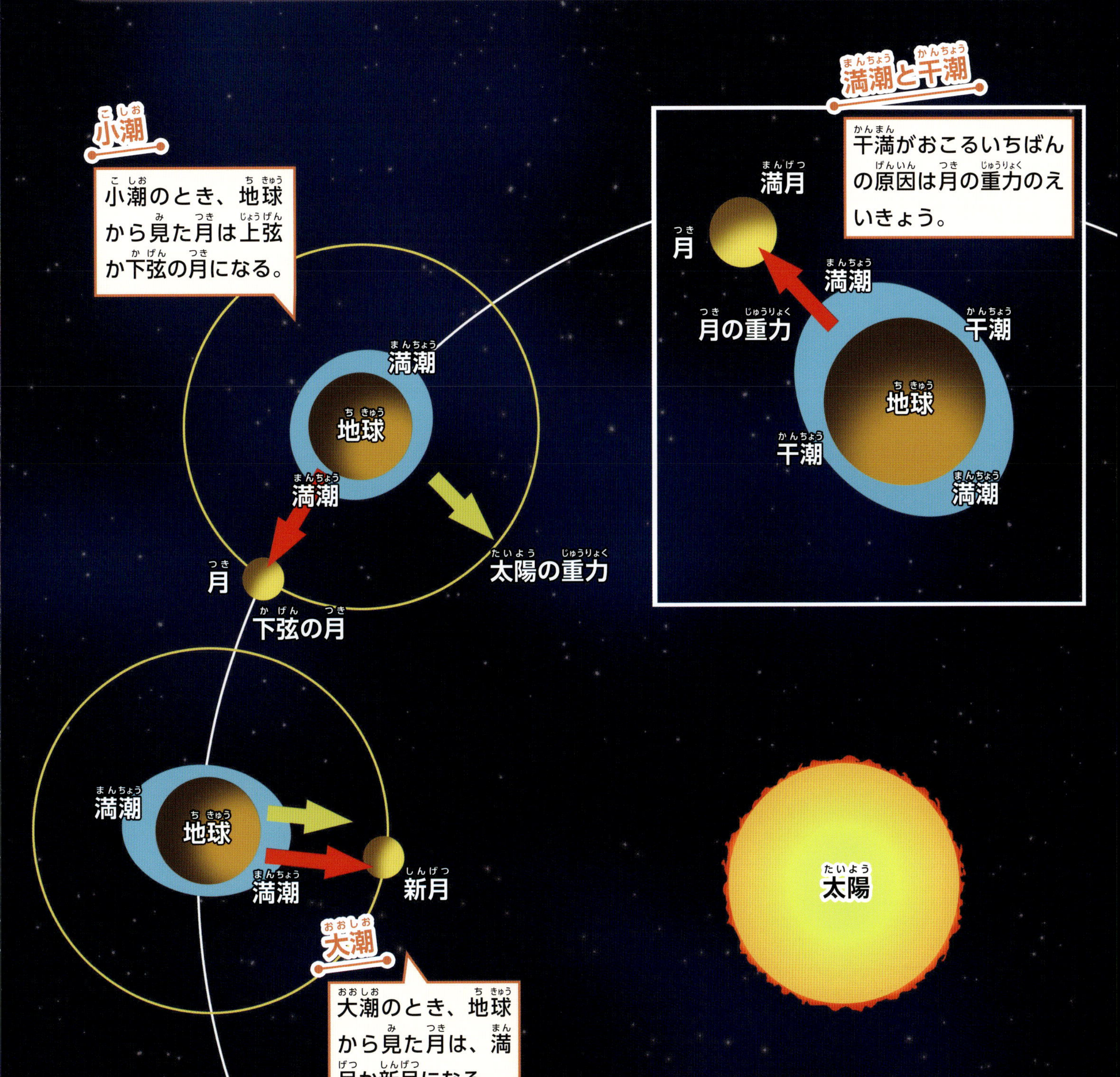

重力を計算して発見された!?

海王星

重力と未知の惑星

ニュートンは、万有引力の法則だけでなく、運動の法則も考えだしました。これらの理論によって、惑星の動きかたなどを説明することができるようになったのです。

ニュートンが生きていたころ、太陽系の惑星は土星まで知られていました。ニュートンの死後半世紀ほどたった1781年、土星の外側に天王星が発見されます。

19世紀になって、天文学者たちが天王星の動きかたをくわしく調べたところ、ニュートンの理論で計算した結果と、わずかにずれていることがわかりました。天王星よりも外側にある未知の惑星の重力によって、天王星の動きが理論とずれているのではないかと考えられたのです。

ニュートンの理論をもとに未知の惑星の軌道が計算されました。そして観測の結果、予想どおりの場所に、惑星が１つ発見されたのです(1846年)。その惑星はのちに「海王星」と名づけられました。

海王星

1989年、アメリカの惑星探査機「ボイジャー２号」が撮影。

第2章

重力と相対性理論

アインシュタインが発表した

「相対性理論」って何？

特殊相対性理論

物理学者のアルベルト・アインシュタイン（1879～1955年）は、1905年に「特殊相対性理論」を発表しました。この理論は「光速度不変の原理」と「相対性原理」という２つの原理をもとに考えだされたものです。特殊相対性理論の発表により、時間や空間の考えかたが、それまでのものとはまったくちがうものになりました。

光の速さはだれから見ても同じ

光速度不変の原理とは、だれから見ても光の速度が同じに見えるというもの。

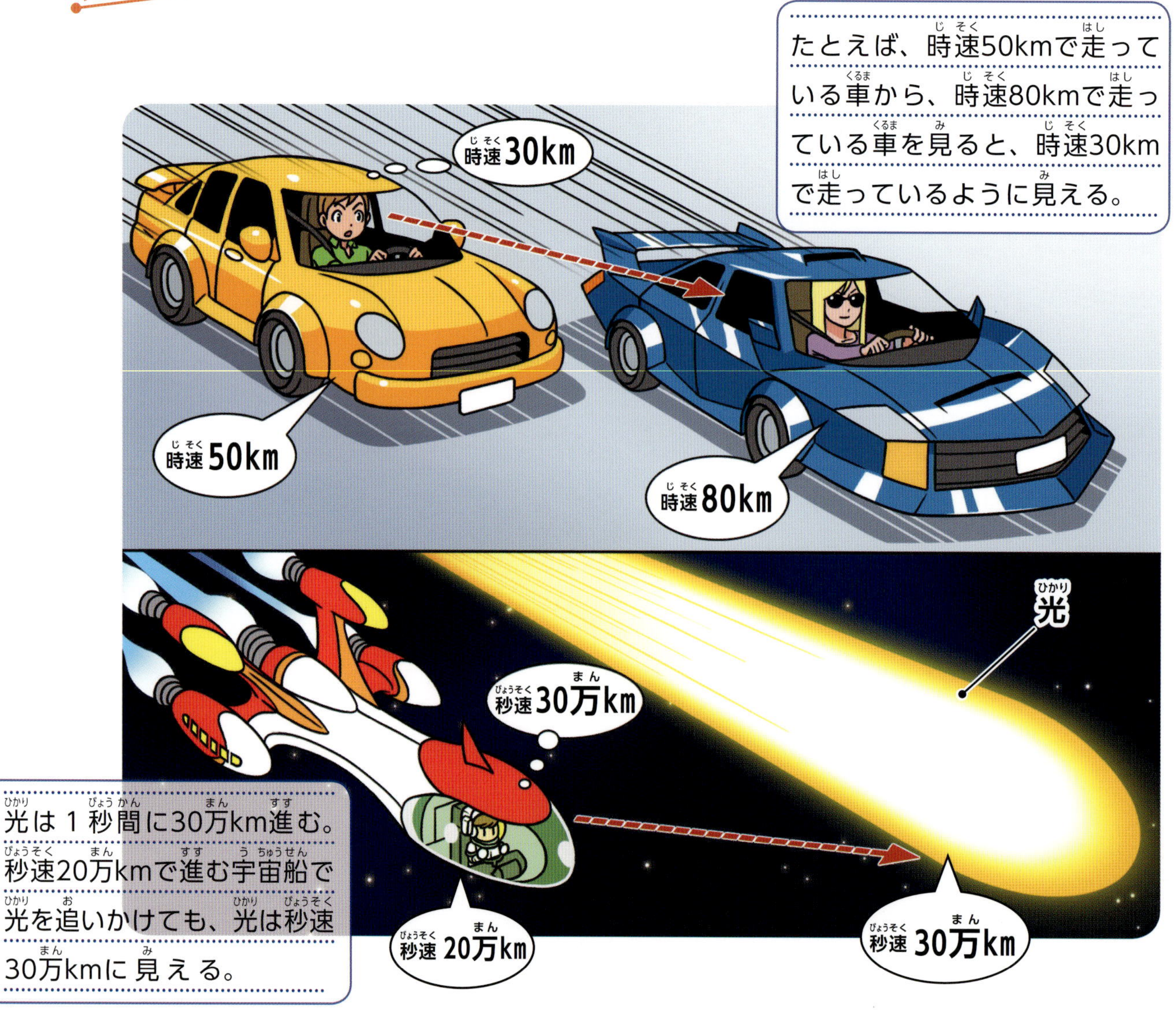

船の上からボールを落とすと……？

止まっていても、等速直線運動をしていても、同じ物理法則が成り立つことを「相対性原理」とよぶ。

どちらもリンゴの落ちかた（運動のしかた）は変わらない。

時間がおくれる？

特殊相対性理論によると、止まっている人から高速で動いている人の時計を見ると、おくれて見える。

重力と慣性力は同じ！

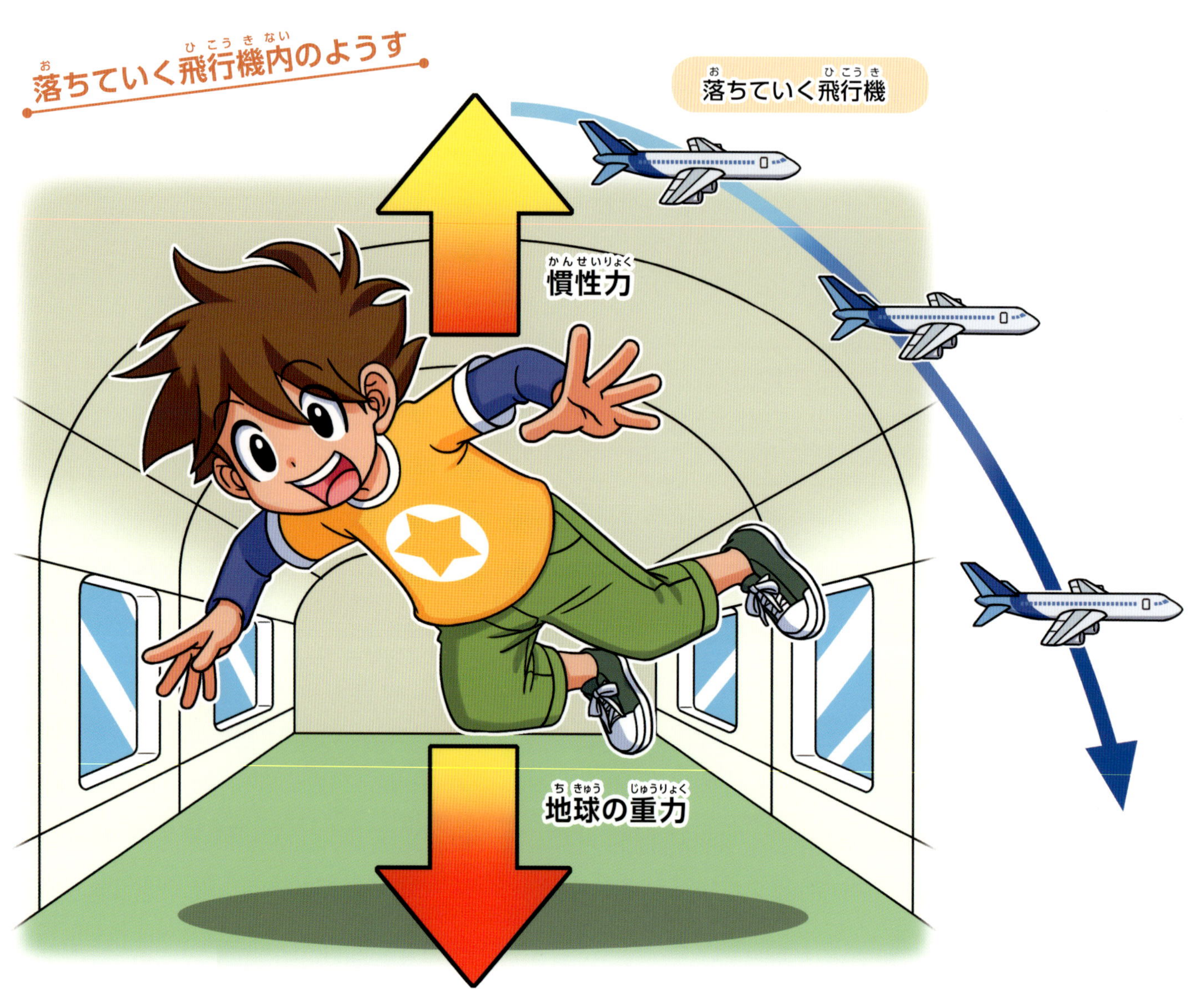

飛行機の中で無重力に？

アインシュタインは、「慣性力（→p.19）と重力はじつは同じものだ」と考えました。この考えは「等価原理」とよばれています。等価、つまり同じ価値をもつものだというわけです。

飛行機内の無重力状態も等価原理と関係があります。飛行機が落ちていくとき、重力によって飛行機は下向きに加速するので、逆の上向きに慣性力が生まれます。重力と慣性力が打ち消しあって、飛行機内は無重力状態になるのです。

エレベーターで体感！

みなさんは、エレベーターに乗って上昇するとき、ゆかにおしつけられるような力を感じたことはありませんか。これは慣性力によるものです。地球の重力に、慣性力がプラスされて、重力が少し強くなったように感じるのです。

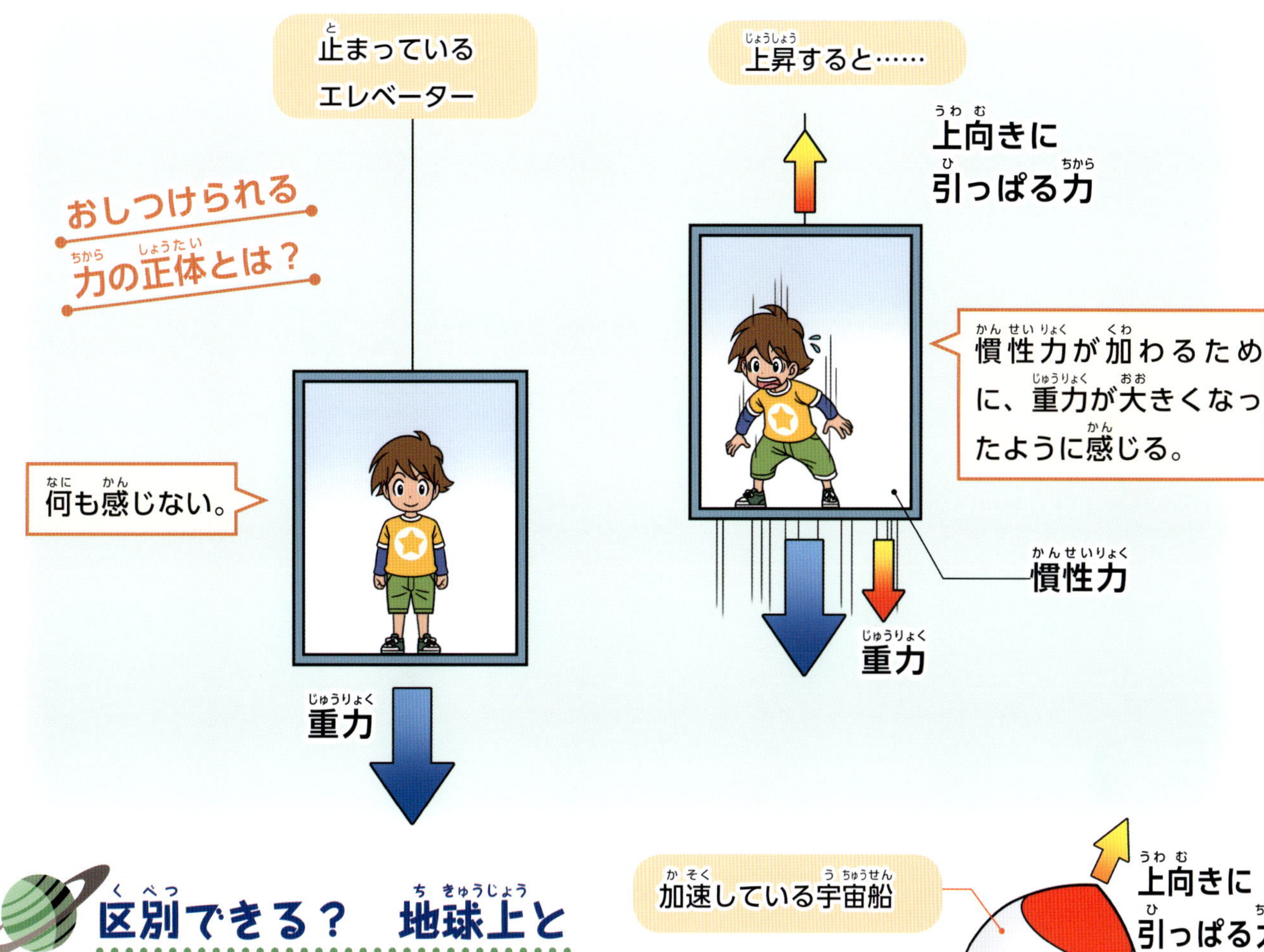

区別できる？　地球上と加速する宇宙船の中

宇宙空間にうかんでいる宇宙船が加速したときも、エレベーターと同じように、中の飛行士は進行方向とは反対向きの慣性力を感じます。地球の重力と同じ強さの慣性力が生じ続けるように加速してやれば、飛行士は地球にいるように感じるでしょう。

重力の正体は？

空間の曲がりによる力

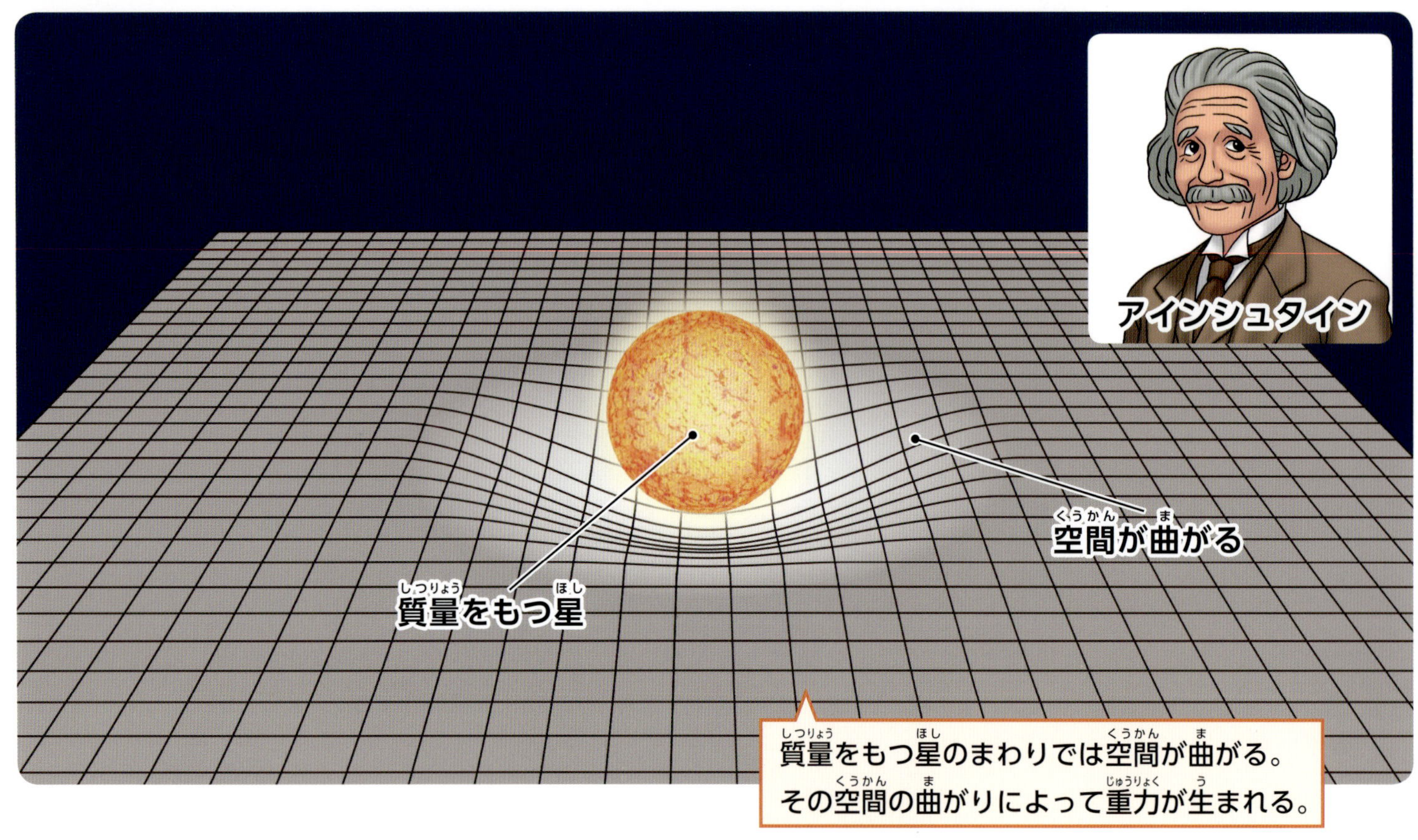

アインシュタインが考えた重力の正体

アインシュタインは等価原理を考えついたことをきっかけに「一般相対性理論」をつくりあげました。

特殊相対性理論は、止まっているか、等速直線運動をしている場所でしか成り立たないものでした。重力がはたらくところでは、その重力に引かれてまっすぐ進むことができません。つまり等速直線運動にならないので、特殊相対性理論では説明しきれないのです。

そこでアインシュタインは、重力がはたらく場所でおこることも説明できる、より「一般的な」相対性理論を考えだしたのです。

一般相対性理論では、「質量をもつもののまわりでは空間が曲がっていて、その空間の曲がりによって重力が生まれる」という結論にたどり着きました。質量が大きければ空間の曲がりも大きく、質量が小さいと空間の曲がりも小さいというのです。

ゴムシートの上に鉄球を置くと……

「空間が曲がる」といわれても思いうかべるのはむずかしいと思いますので、かわりにゴムのシートで考えてみましょう。ゴムのシートに鉄の球をのせると、ゴムのシートが曲がります。球が重いほどゴムのシートは大きく曲がります。空間が曲がるというのも、それと似たようなものだと思ってください。

ゴムのシートが球をのせて曲がり、ななめになっているところに別の小さな球をおくと、大きな球のほうへころがっていきます。重力は、このようにして生まれるのだとアインシュタインは考えたのです。

質量と空間の関係

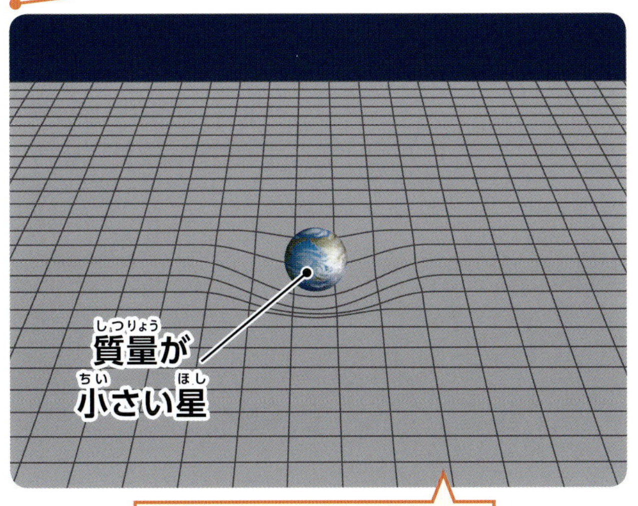

質量が小さな星の場合は、空間が少しだけ曲がる。

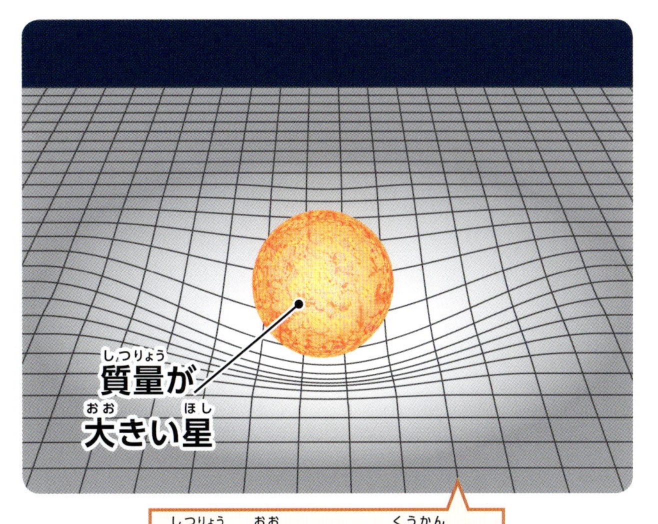

質量が大きいと、空間の曲がりかたも大きくなる。

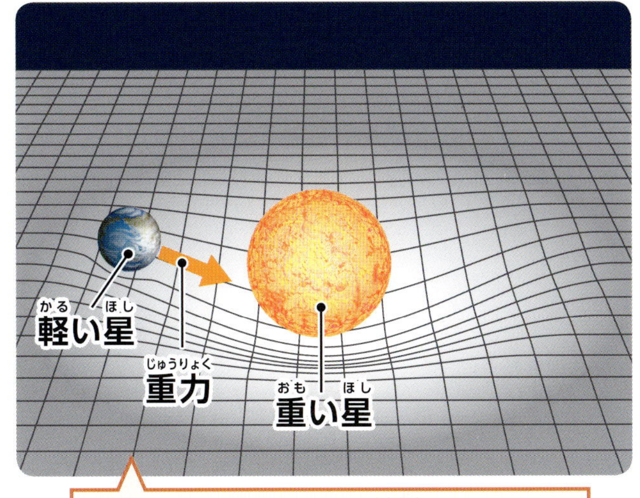

空間の曲がりによって坂道をころがるように引き寄せられる。これが重力だ。

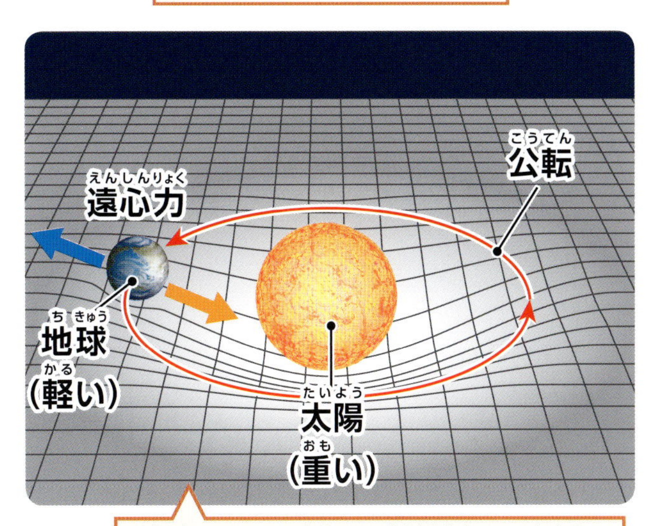

公転によって生じる遠心力で、地球は太陽のほうへ落ちていかない。

ふしぎな重力レンズ

光が曲がった！

光はふつう、まっすぐ進みます。しかし、たとえば巨大な星の近くでは、質量によって曲がった空間を光が進むことになるので、光の進路も曲がるはずだとアインシュタインは考えました。実際に、1919年におきた皆既日食※1のときに、太陽の重力によって遠くの星からの光が曲がっていることが観測されたのです。その曲がりぐあいは、一般相対性理論をもとに計算したときのものと同じだったのです。

いまではハッブル宇宙望遠鏡※2などによって、重力によって光が曲がる現象がたくさん見つかっています。重力が、まるでレンズのように光を曲げる役割をすることから、そのような現象は「重力レンズ」とよばれます。

重力と光の進みかたの関係

近くにある銀河などの重力により、遠くの銀河から出た光は曲がって進む。

※1 太陽と地球の間に月が入り、月で太陽の光がさえぎられる現象を日食という。太陽全体がかくれる場合を皆既日食とよぶ。

※2 地球周回軌道上から観測を行う望遠鏡。

遠くにある銀河

近くにある銀河

光の進む道

重力レンズのはたらき

重力レンズは、地球から見て同じ方向に天体がいくつかあるときに観測されます。手前側のレンズの役割をする天体は、銀河だったり、銀河がたくさん集まった「銀河団」だったりさまざまです。

重力レンズによって、遠くの天体はいくつかに分かれて見えたり、輪っかのように見えたり、ときにはとてもおもしろい形になったりすることもあります。

観測された光の曲がり

まん中が手前にある銀河だ。遠くにある銀河の光が、上下左右の4つに分かれて見える。※3

手前にある銀河団の重力によって、遠くにある銀河がゆがんでいる。まるでモンスターの顔のようだ。

※3 「アインシュタインの十字架」ともよばれる。

光が出てこられない？

ブラックホールのひみつ

重力がとても大きい黒い天体

ブラックホールはとても重力が強く、まわりの空間がものすごく曲がっているため、それ以上近づくと光が出てこられなくなってしまうさかい目があります。もとの星の質量が大きいほど、そのさかい目も大きくなります。光が出てこられないのですから、光を使ってブラックホールを見ることはもちろんできません。背景が明るいと、まっ暗な穴のように見えるでしょう。それが「ブラックホール」の名前の由来です。

ほとんどの銀河の中心部には、ものすごく質量の大きな超巨大ブラックホールがあると考えられています。いちばん重いものは質量が太陽の180億倍もあるといわれています。

ブラックホールのしくみ

光が出てこられなくなるさかい目のことを「事象の地平面」、ブラックホールの中心のことを「特異点」とよぶこともある。

ブラックホールの誕生

ブラックホールは、どのようにしてできるのでしょうか。質量のとても大きな星は、燃えるための燃料を使い果たすと大爆発(超新星爆発)をおこします。

太陽の30倍以上重い星では、爆発のあとに残った星の芯の部分が、自分自身の重力でどんどんつぶれていき、ブラックホールができます。

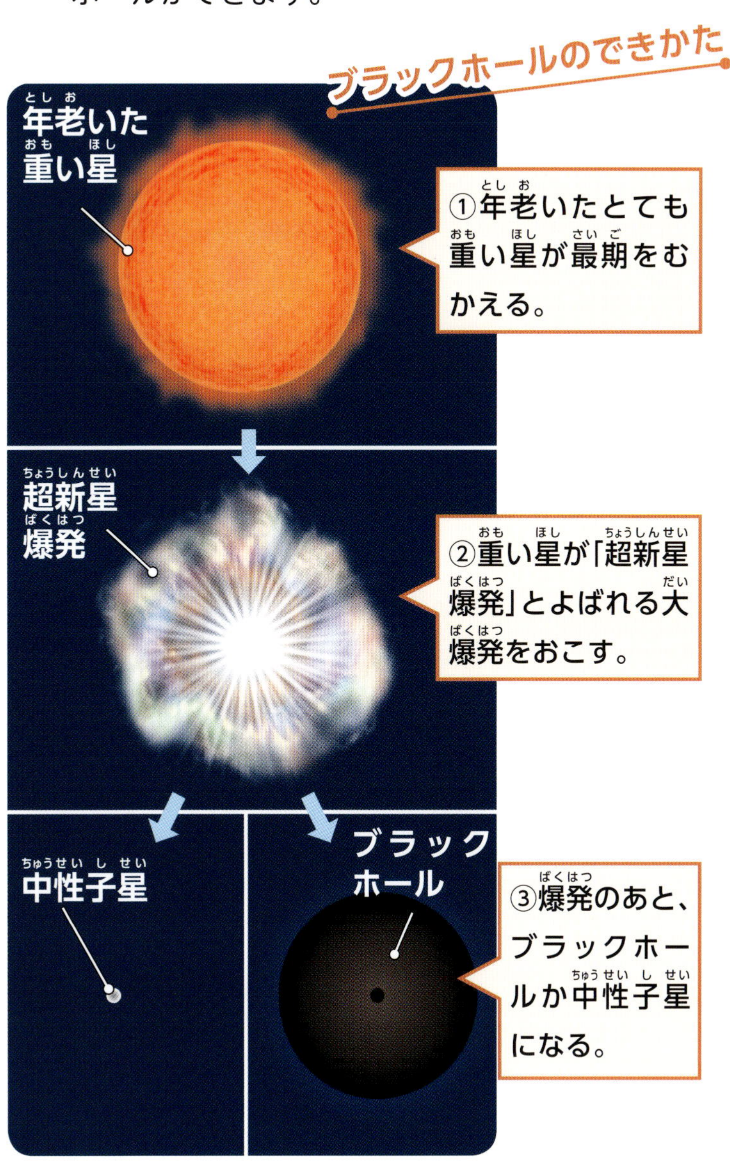

重い星では時間はどうなる？

重力と時間

時間が速く進む天体はどれ？

一般相対性理論をもとに計算をすると、重力が大きい場所では、重力が小さい場所よりも時間がおくれるという結果がえられます。

たとえば、地球よりも重力の小さな水星や金星では時間は少し速く進みますし、逆に重力の大きな木星の表面では時間はおそく進むことになります。

ブラックホールの表面ではたいへん強い重力のために、時間が止まって見えることになります。

くらべる！
時間の進みかた

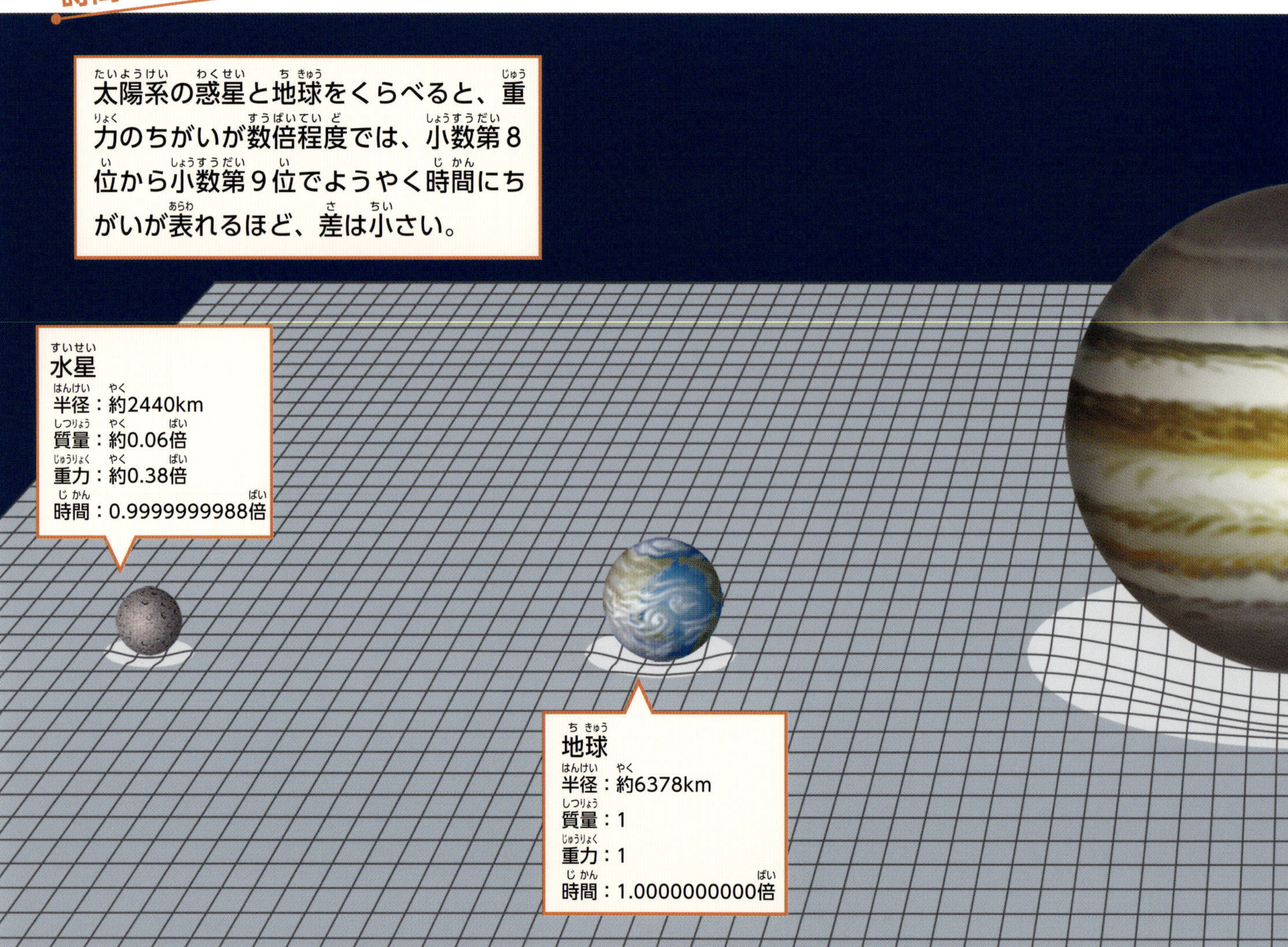

GPSのしくみ

カーナビやスマートフォンなど、人工衛星から送られる電波を受信する機器さえあれば、地球上のどこにいても現在の自分のいる位置を測定できるシステムを、「GPS(全地球測位システム)」といいます。GPSでは、地表よりも重力が小さい高度約2万kmの上空を高速で飛ぶ人工衛星から、電波で送られてくる時刻などのデータをもとに、位置を割り出します。そのとき、人工衛星につんである時計は、「高速で動くと時間がおくれる効果」や、「重力によって時間の進みかたが変化する効果」を計算しています。

みなさんが使っている携帯電話の画面に、自分のいる位置が正確に表示されるのは、相対性理論によって正しく計算されているからなのです。

【数字の見かた】
半径：赤道の半径(km)
質量：地球の質量を1としたときの割合
重力：地球の重力を1としたときの割合
時間：地球表面で時間の進む速さを1としたときの割合

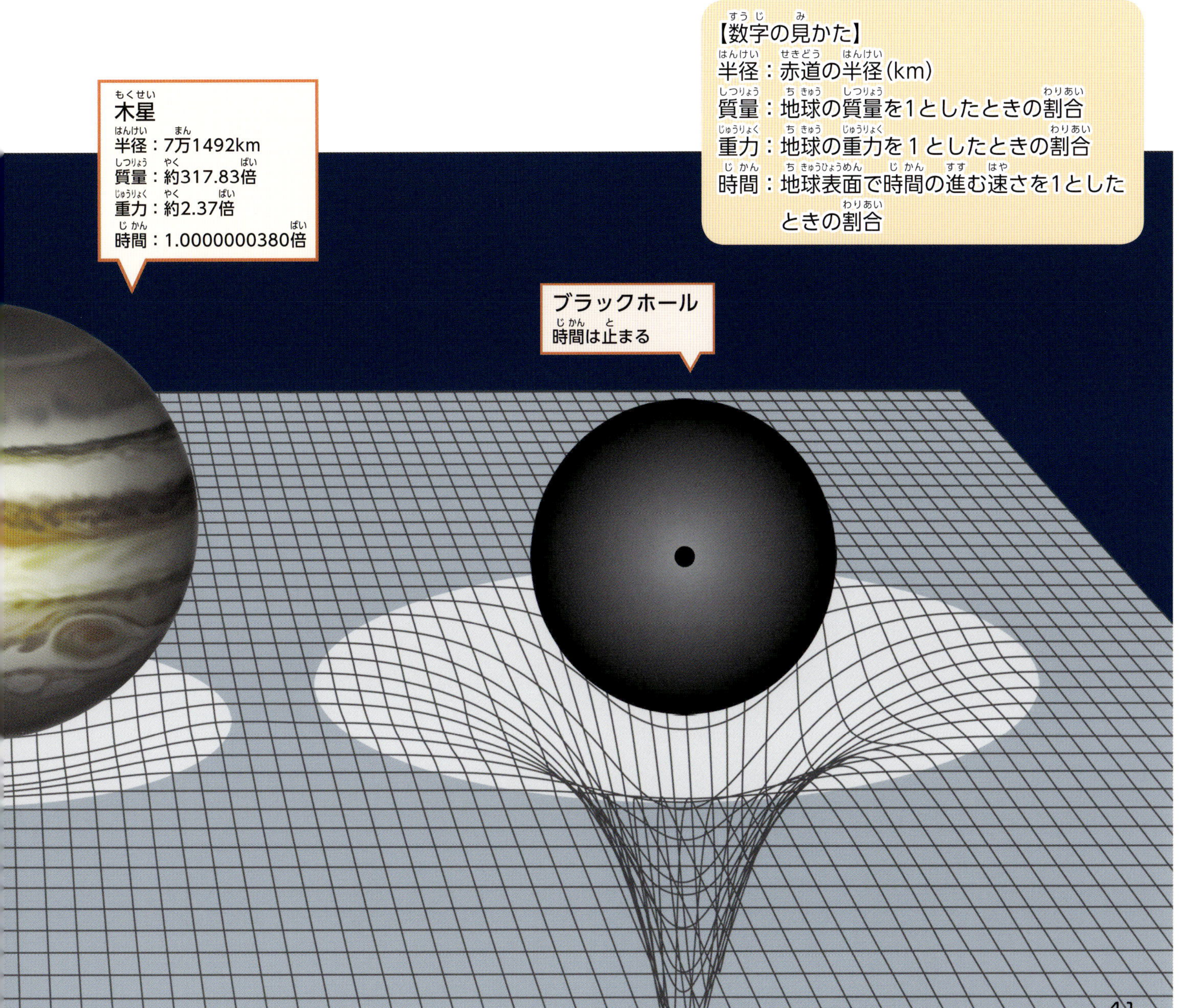

正体不明の何かがある!?

ダークマター（暗黒物質）

うずまき銀河の中央で、星がたくさん集まっている部分を「バルジ」という。重力はバルジに近いほうが強く、遠くなるほど弱くなるので、銀河の外側にある星の回転速度は、内側よりもおそくなるはずだ。しかし、実際に観測してみると、内側も外側も回転速度は同じだった。

予想とちがう？ うずまき銀河の回転のしかた

恒星がうずまき状に分布する「うずまき銀河」では、内側をまわる星も、外側をまわる星も同じ回転速度で動いています。うずまき銀河は中央部分に星がたくさん集まっていて、質量が大きいので、中央に近いほど重力が強くはたらきます。重力がちがうのに回転する速度が同じならば、重力をふり切ってどこかへ飛んでいってしまうはずです。そこで天文学者は、望遠鏡では見えないけれども、重力をおよぼしている「正体不明の何か」が存在していると考え、その何かを「ダークマター（暗黒物質）」と名づけました。

重力レンズでとらえたダークマター

宇宙には、銀河が何百個も集まって「銀河団」という集団をつくっています。この銀河団の中にもたくさんのダークマターが存在していると考えられています。銀河団にあるそれぞれの銀河は、ばらばらに動きまわっていますが、銀河がどこかへ飛んでいってしまっては、集団でいられなくなってしまいます。銀河団のまとまりを保つためには、観測できる銀河やガスの重力だけでは足りません。そこで銀河団の中にも、全体的にダークマターが存在しているだろうと考えられているのです。

ダークマターは重力をおよぼしますから、より遠くにある銀河から来る光が曲がって重力レンズ現象がおこります。その光の曲がりぐあいを調べることで、銀河団の中にダークマターがどのように分布しているのかが調べられています。ダークマターの正体はまだわかっていませんが、理論的に予言されているものの、まだ見つかっていない粒子かもしれないと考えられています。

重力レンズ現象から推定されたダークマターの分布

「弾丸銀河団」とよばれる銀河団。赤いところは銀河団の中にある高温のガスで、X線で写したもの。青い部分は、重力レンズ現象から推定されたダークマターの分布と考えられている。

むかしの宇宙、いまの宇宙

むかしの宇宙は火の玉!?

一般相対性理論をもとにして計算すると、宇宙全体がふくらんだりちぢんだりすることがありえるという計算結果になりました。アインシュタインは、そんなことはあるはずがないと考えていましたが、のちに実際に、宇宙が現在もふくらんでいる証拠が見つかりました。

いま、宇宙がふくらんでいるということは、時間をさかのぼればむかしの宇宙は小さかったということになります。じつは、むかしの宇宙はとても小さな火の玉だったと考えられています。その火の玉がだんだんとふくらんで大きくなり、いまの宇宙になったのです。このような考えかたは「ビッグバン理論」とよばれています。

ビッグバン

大爆発のようす。

むかしの宇宙と現在

空気をぎゅっと圧縮すると空気の密度が高くなり、熱くなる。これと同じように、宇宙が小さくなっていくと、密度が高くなって温度が上がっていく。そのため、宇宙がとても小さくて密度が高かったころは、とても高温だったと考えられる。この高温で高密度の宇宙のはじまりの爆発をビッグバンという。

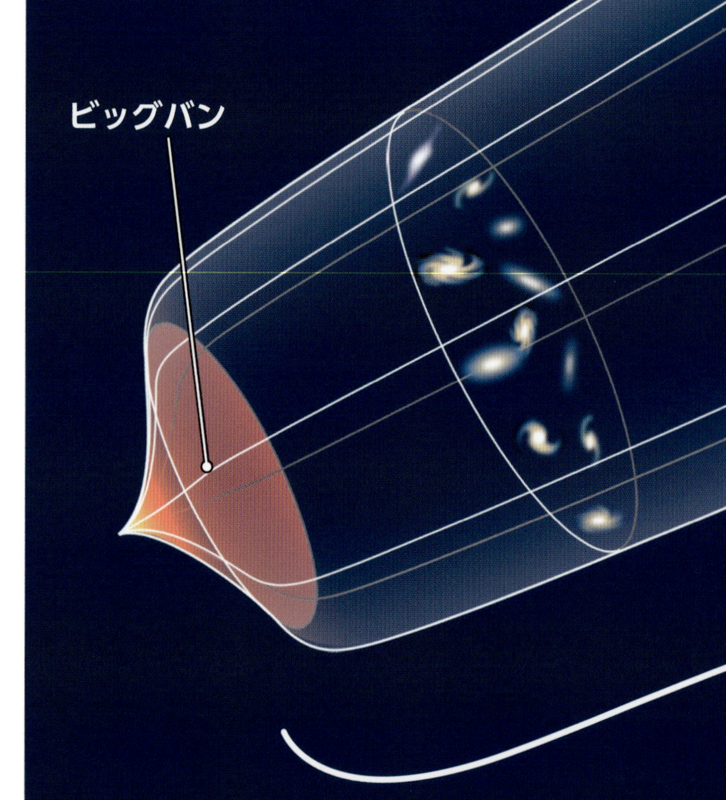

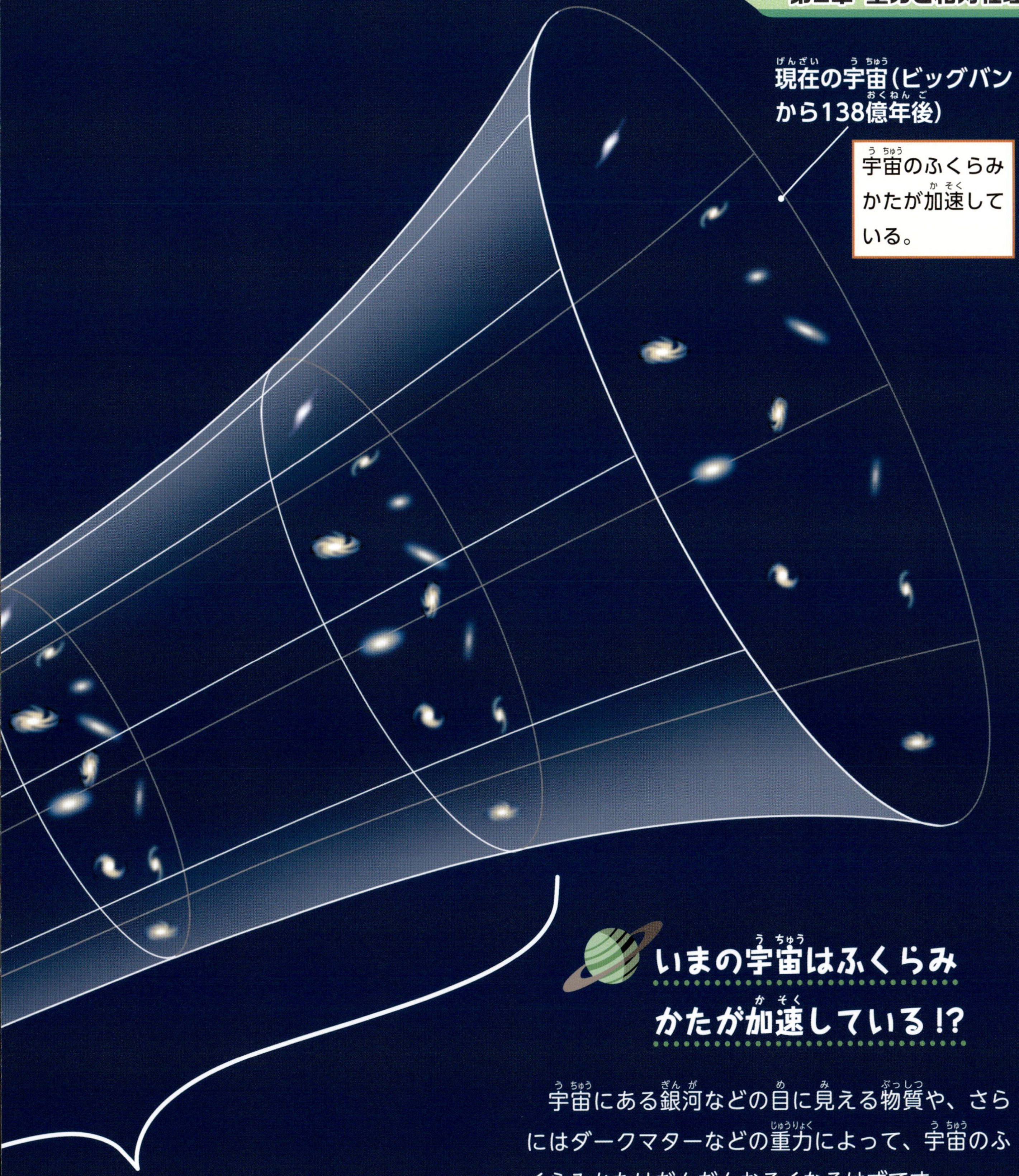

現在の宇宙（ビッグバンから138億年後）

宇宙のふくらみかたが加速している。

いまの宇宙はふくらみかたが加速している!?

宇宙にある銀河などの目に見える物質や、さらにはダークマターなどの重力によって、宇宙のふくらみかたはだんだんおそくなるはずです。

しかし20世紀の終わりごろになって、宇宙のふくらみかたが加速していることがわかりました。なぜ重力にさからって宇宙のふくらみかたが加速しているのかは、わかっていません。

過去の宇宙

時間をさかのぼると、むかしの宇宙は小さかった。

現代のなぞにいどむ

超ひも理論

すべての力を１つの理論で解説

宇宙には４つの力があります。「電磁気力」と「重力」のほか、原子の中などとても小さな世界ではたらく「強い力」「弱い力」とよばれる力です。

電気と磁気の力を１つの理論でまとめて説明できるようになったのは19世紀のことでした。その後も物理学者は、すべての力を１つの理論でまとめて説明したいと考えてきました。現在、その有力な候補となっているのが「超ひも理論」です。

物質はそれ以上細かくできない粒子からできています。たとえば、水は酸素と水素という原子でできています。酸素や水素などの原子の中心には原子核があります。原子核は、陽子と中性子という２種類の粒子からできています。

さらに、陽子や中性子は「クォーク」とよばれる粒子からできています。クォークや電子などは、それ以上細かくできません。そういう粒子は「素粒子」とよばれます。

超ひも理論は、素粒子が「ひも」のようなものからできていると考える理論です。

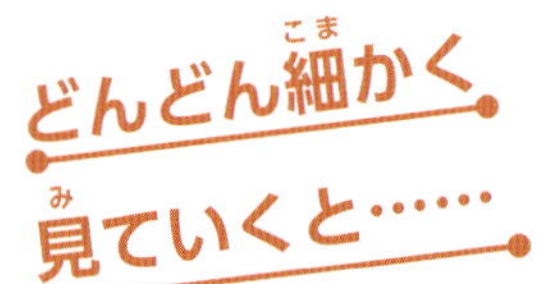

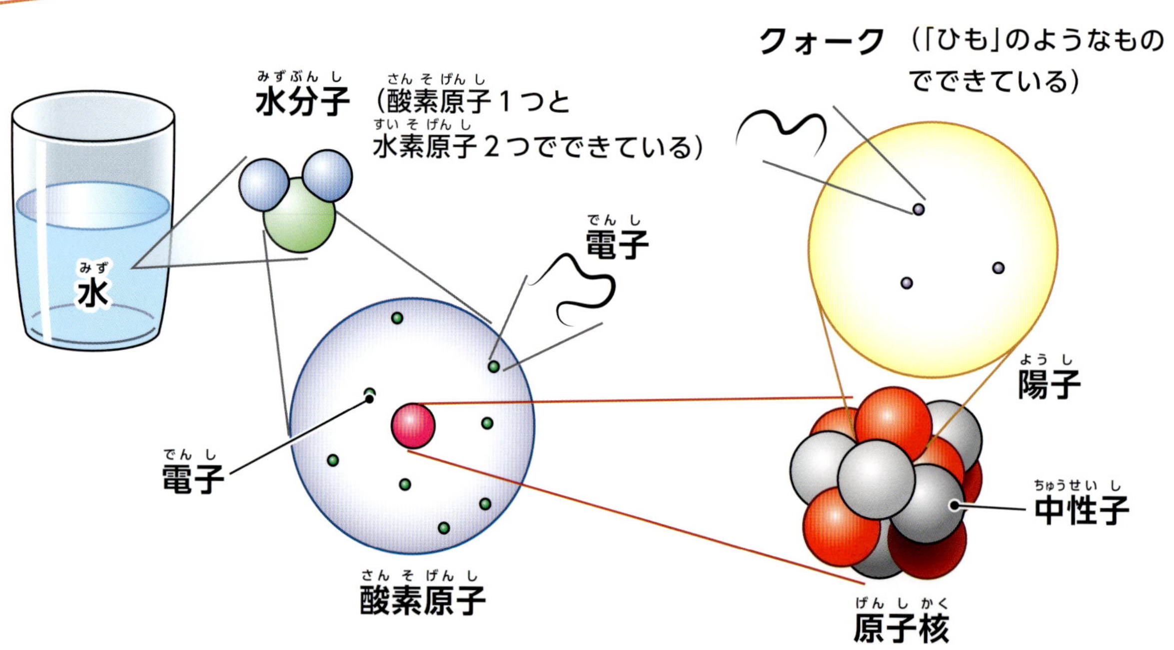

第3章

「重力波」って何だろう？

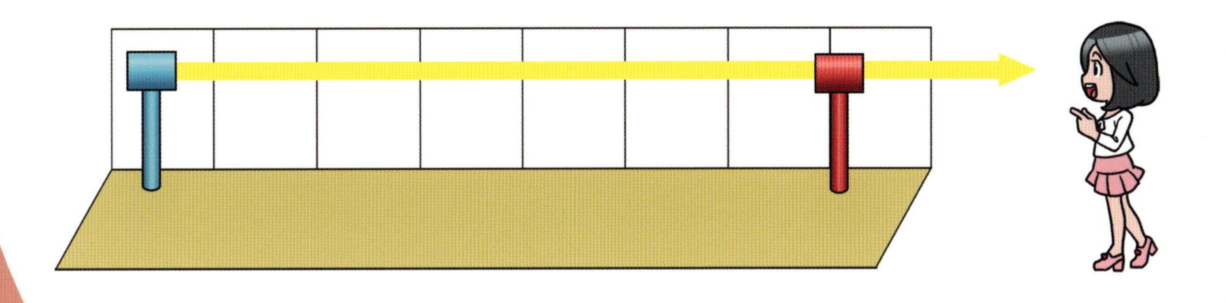

波のように伝わる？

重力波

重力波の正体とは？

重力波は、重力レンズやブラックホールなどとともに、アインシュタインの一般相対性理論で予言されていた現象の１つです。質量をもつものが動くと、まわりの空間の曲がりが波のように伝わっていきます。これが重力波です。

星のまわりの空間をゴムのシートにたとえてみましょう。ゴムのシートに鉄の球を置くと、シートがへこみます。これが空間の曲がりであり、重力の正体です。その鉄の球を動かすと、ゴムのシートがゆらゆらと波打ちます。その波が重力波なのです。同じように、星などが動くとまわりの空間の曲がりが波打って、重力波として伝わっていくのです。重力波がとどいた場所では、ごくわずかですが空間がのびたりちぢんだりします。

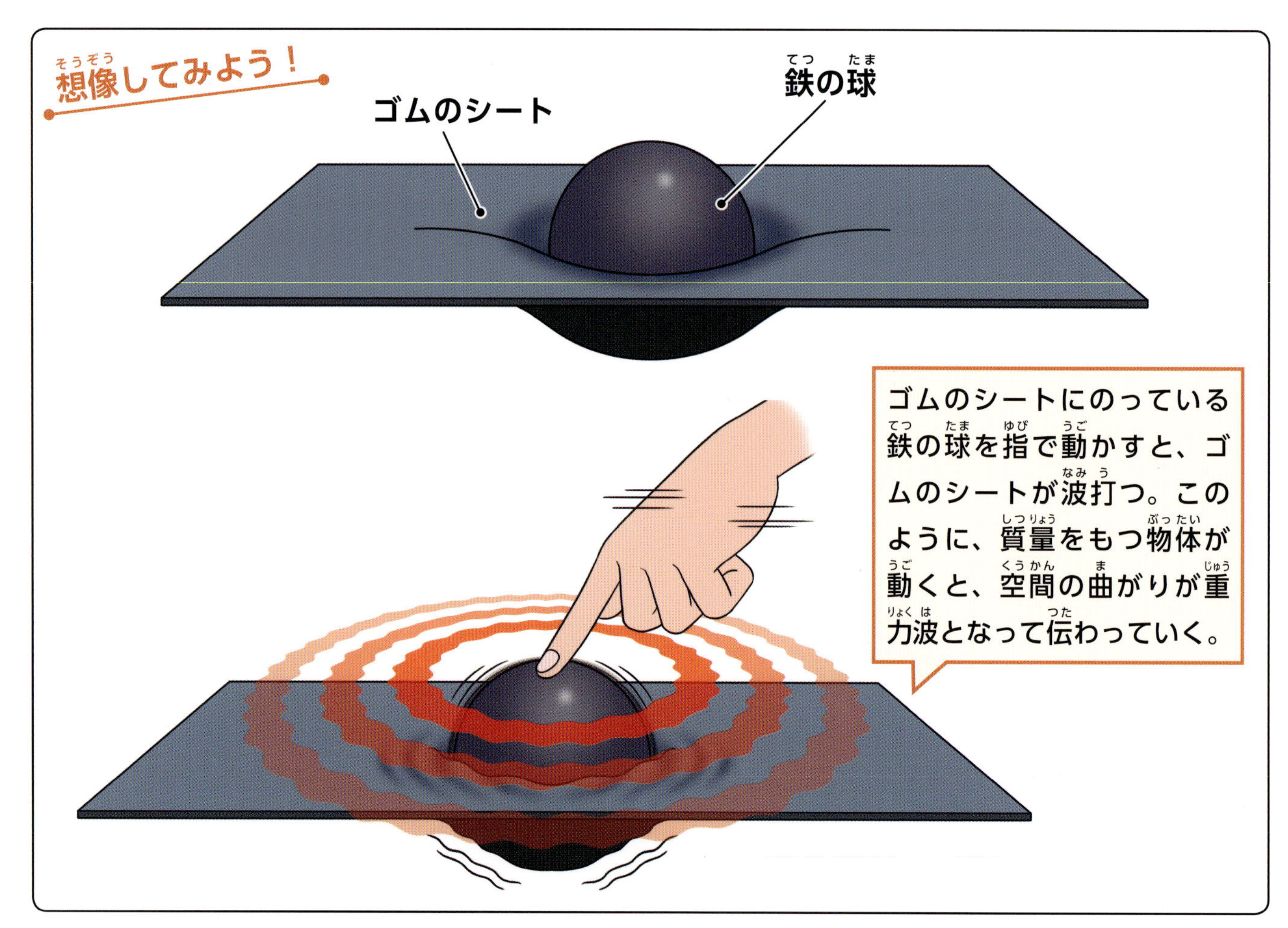

重力波はどこから出るの？

重力波は、人間が動くだけでも発生します。ただし、そうやって出るような重力波は小さく、現在の技術では検出することはできません。観測できるのは、ブラックホールのようにとても質量の大きな天体がしょうとつするようなはげしい現象から出る重力波だけです。

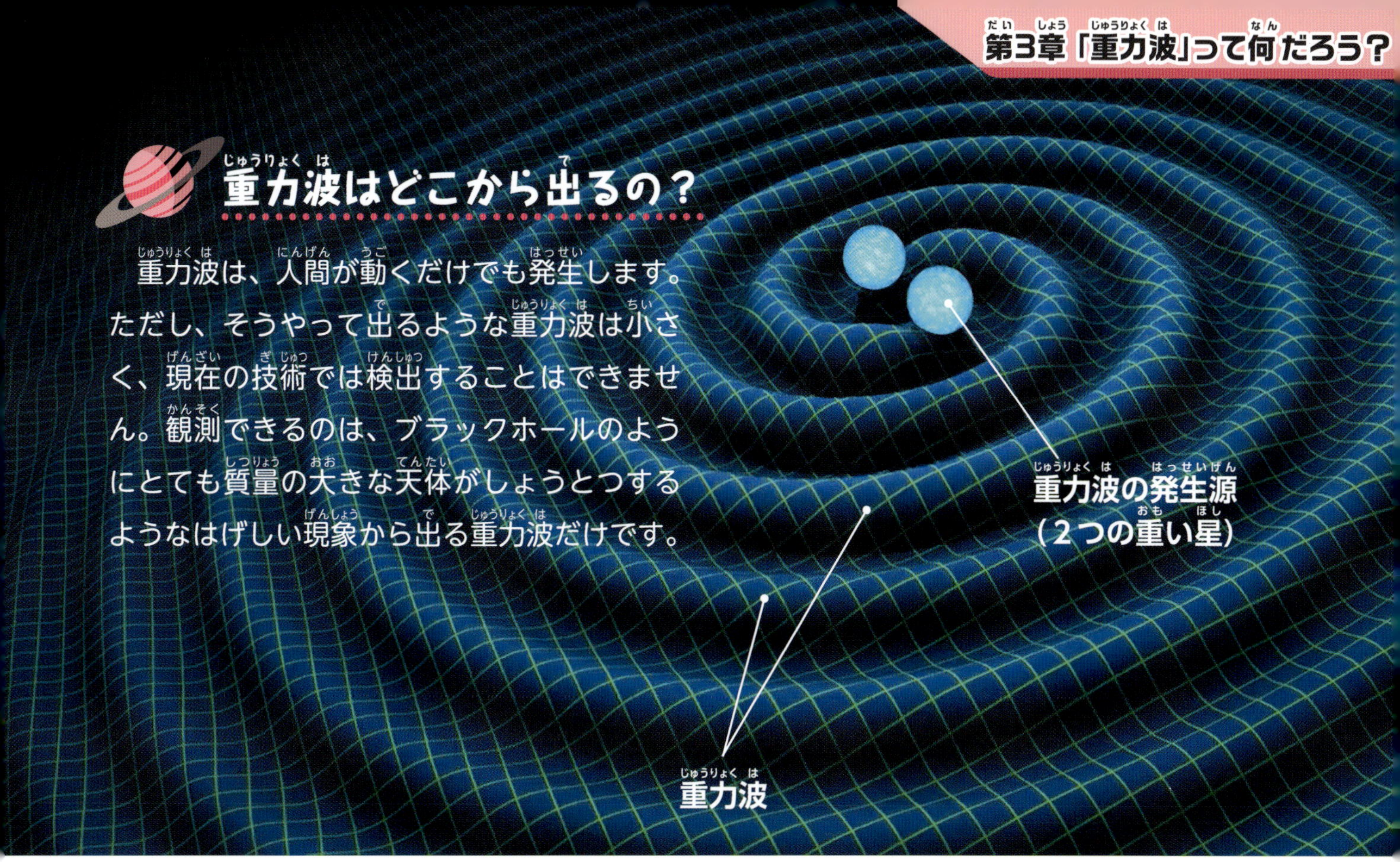

水の波と何がちがうの？

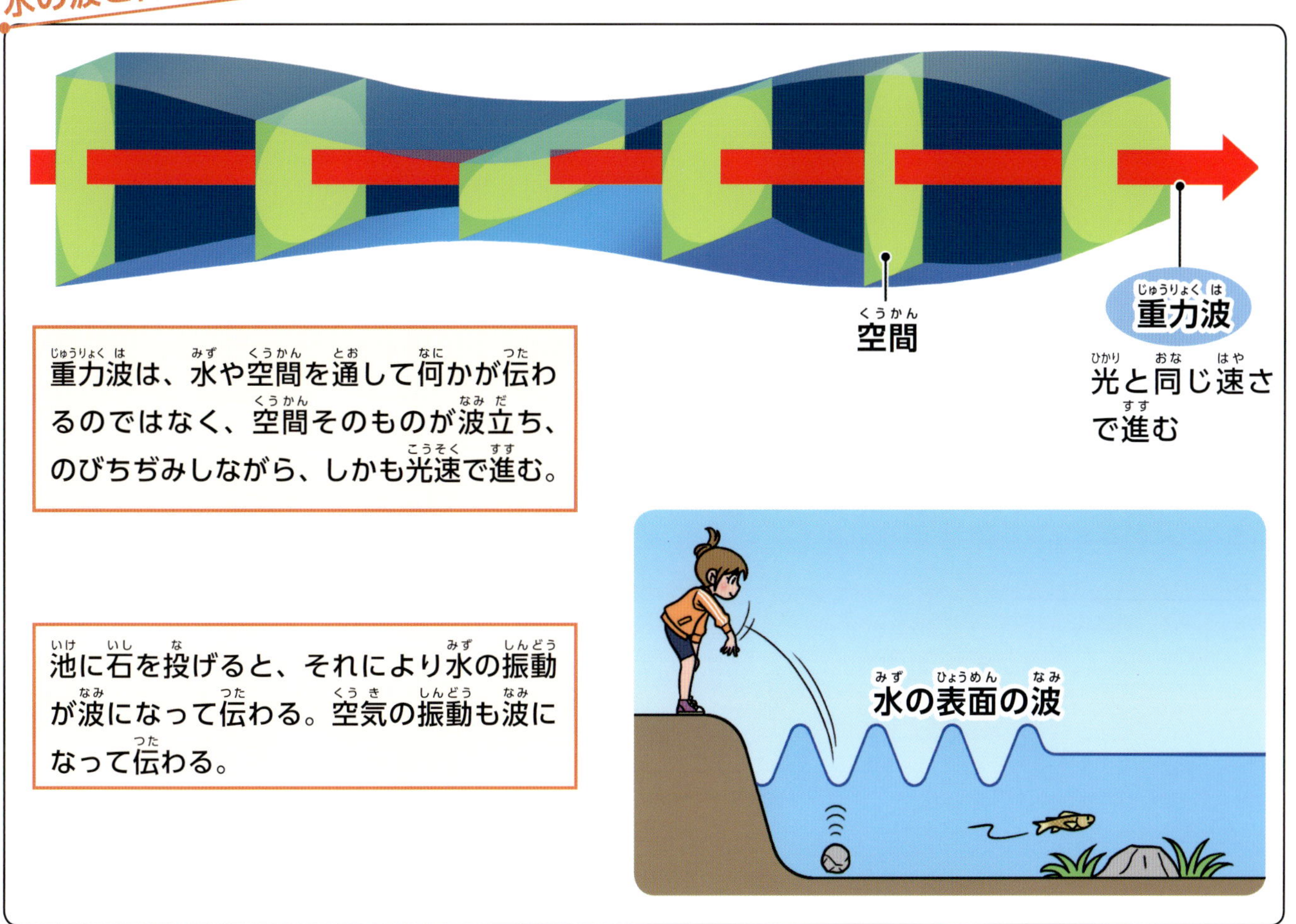

重力波は、水や空間を通して何かが伝わるのではなく、空間そのものが波立ち、のびちぢみしながら、しかも光速で進む。

池に石を投げると、それにより水の振動が波になって伝わる。空気の振動も波になって伝わる。

どうやって見つけるの？

重力波の観測法

光を利用する

光を発する光源と、光を受ける装置（受光器）が30万kmはなれた場所におかれていたとします。光速は秒速30万kmですから、光源から発射された光は、ちょうど１秒で受光器に着きます。

重力波によって空間がのびると、光源と受光器の間も少しだけ引きのばされます。光の速度はつねに一定です。光は１秒間に30万kmしか進みませんから、光源から出た光は１秒後に受光器にはたどり着けなくなります。

逆に空間がちぢむと、光は１秒かからずに受光器に着くことになります。

重力波が来ないとき

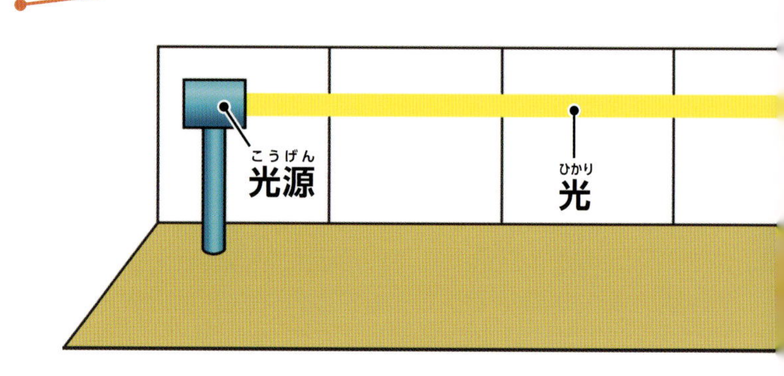

重力波が来たとき

東西方向にセットした測定器

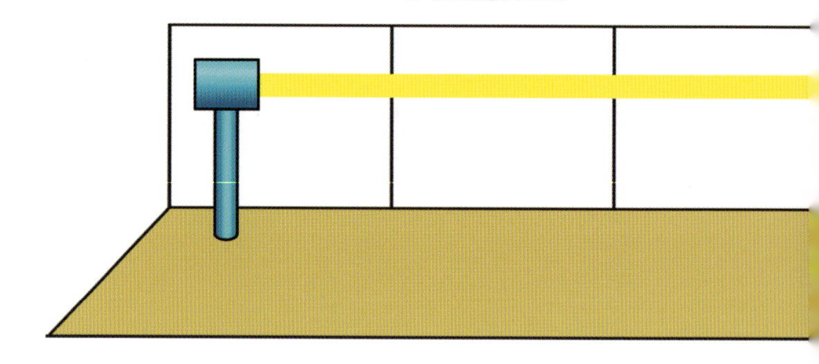

南北方向にセットした測定器

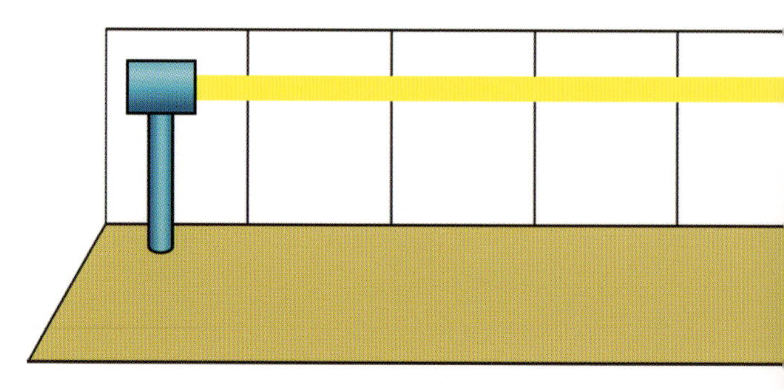

光源と受光器のセット

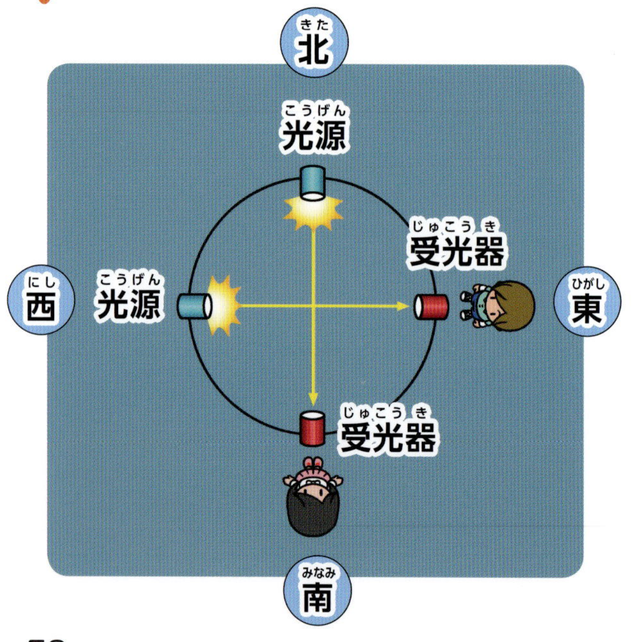

時間のずれを調べる

光源と受光器のセットを、1セットを東西方向、もう1セットを南北方向に、どちらも光源と受光器を同じだけはなしておいたとします。重力波が来ると、空間は1方向にのびて、それと直角の方向にちぢみます。

そのため、たとえば東西方向のセットでは光が受光器にとどかず、南北方向のセットでは光が早く受光器にたどり着きます。重力波の観測は、こうした時間のずれを利用しています。

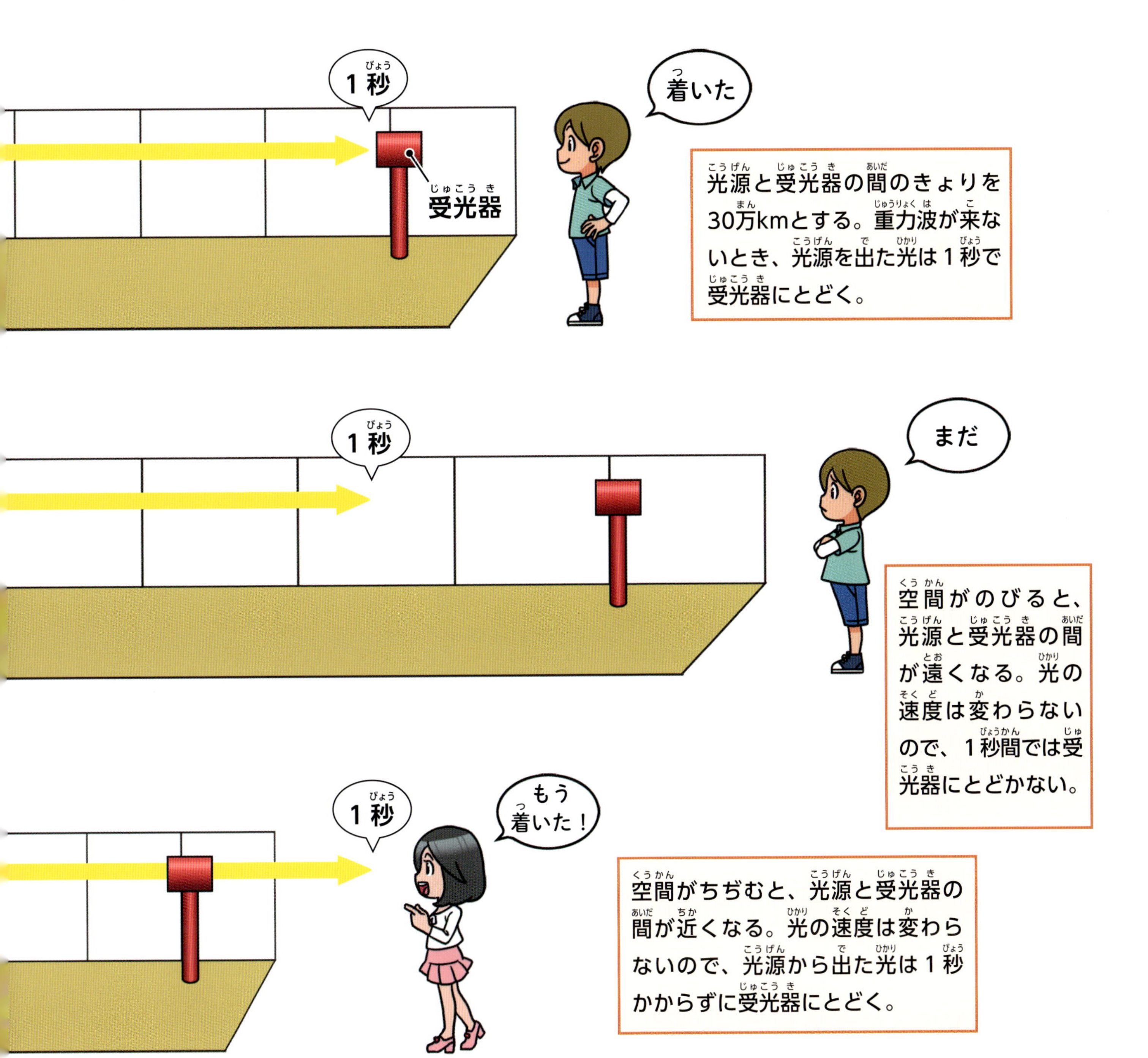

干渉を利用した観測法

干渉って何？

光がとどく時間のずれを計測するために、重力波の観測では「干渉」という現象を利用します。

光も、波のような性質をもっています。波には高いところ（山）と低いところ（谷）があって、２つの波の山どうし（あるいは谷どうし）が重なると強めあってより大きな山（あるいは谷）になり、山と谷が重なると弱めあって小さくなります。こういう現象は「干渉」とよばれます。

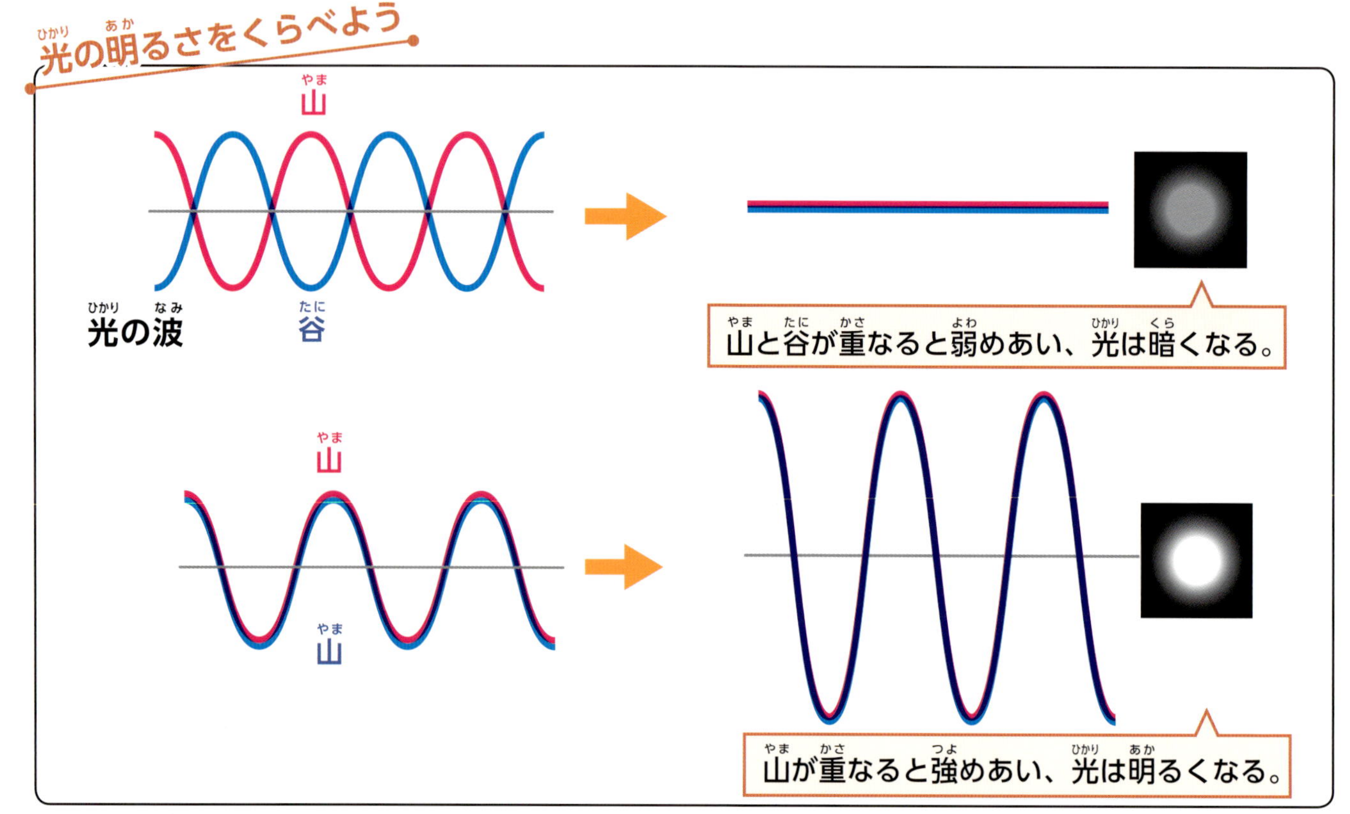

干渉計のしくみ

重力波の検出装置では、光源から出た光を途中で２つに分けます。１つはそのまままっすぐ進み、もう１つは直角に曲げられます。どちらの光も、分かれた場所から同じきょりのところにある鏡に反射してもどってきます。そしてもどってきた２つの光をふたたび１つにしてやります※。

※このような装置を「マイケルソン干渉計」という。物理学者のアルバート・マイケルソン（1852～1931年）が発明した。

空間ののびちぢみを見つけるしくみ

ふだんのようす

ふだんは、干渉によって光が暗くなるように調整しておく。

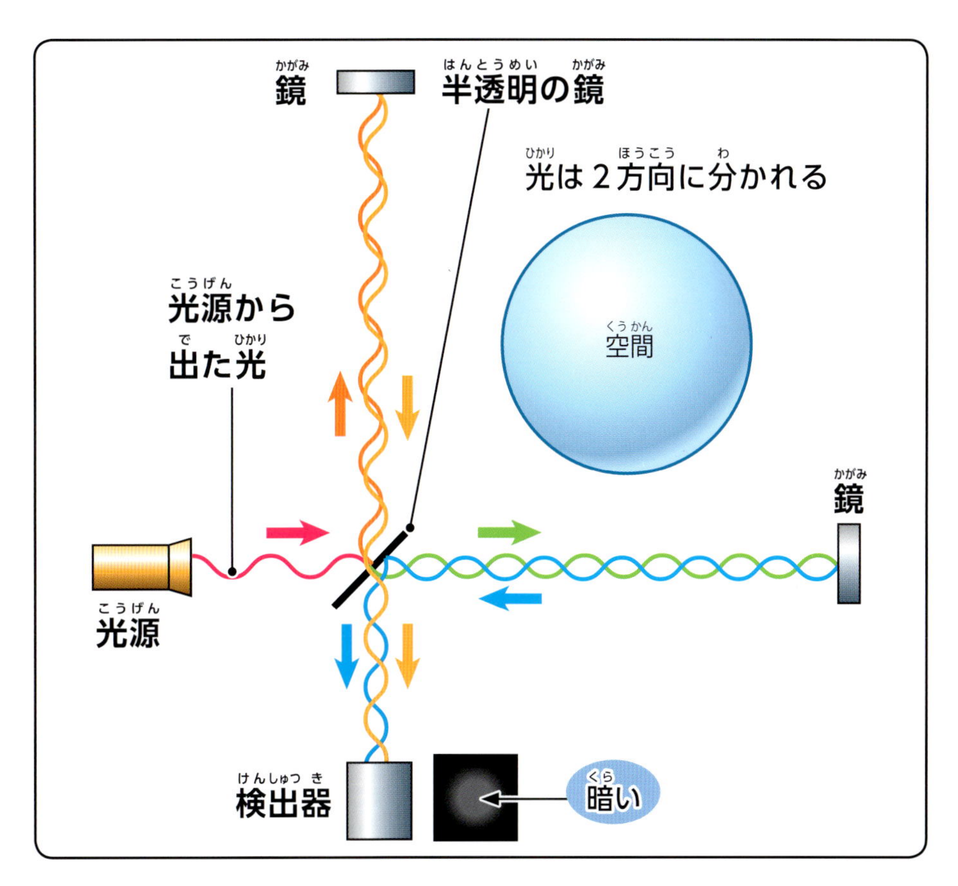

重力波が来たとき

重力波が来ると、空間が少しだけのびちぢみする。２つに分かれた光は、１つは長いきょりを、もう１つは短いきょりを進む。そのため、光の波の位置がずれ、検出器の光が明るくなる。

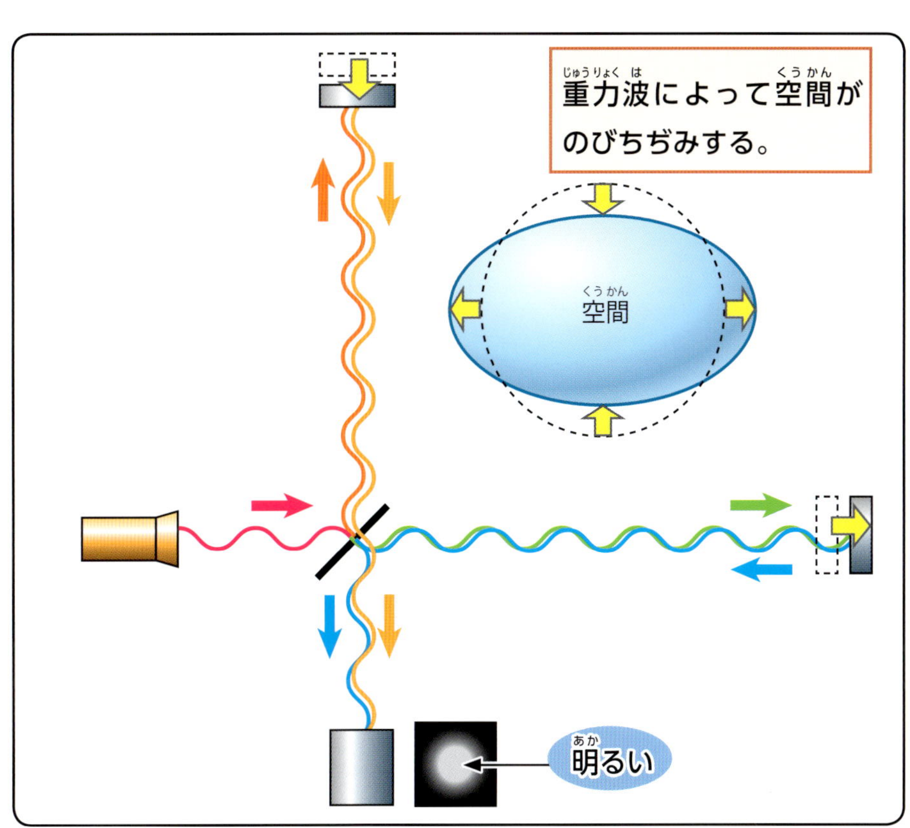

はじめての観測！

LIGOがとらえた重力波

アインシュタインの予言

2016年２月、世界ではじめて重力波をとらえたという発表がありました。

アメリカにある「LIGO」とよばれる重力波観測天文台で、2015年９月に重力波が観測されたのです。

アインシュタインは一般相対性理論をもとに、1916年に重力波が存在することを予言しました。

それからおよそ100年たって、ようやく重力波を観測することに成功したのです。

アメリカにある重力波観測天文台

LIGOは、アメリカのハンフォード（上）とリビングストン（下）の２か所に同じ装置がある。“腕”の長さは約４km。

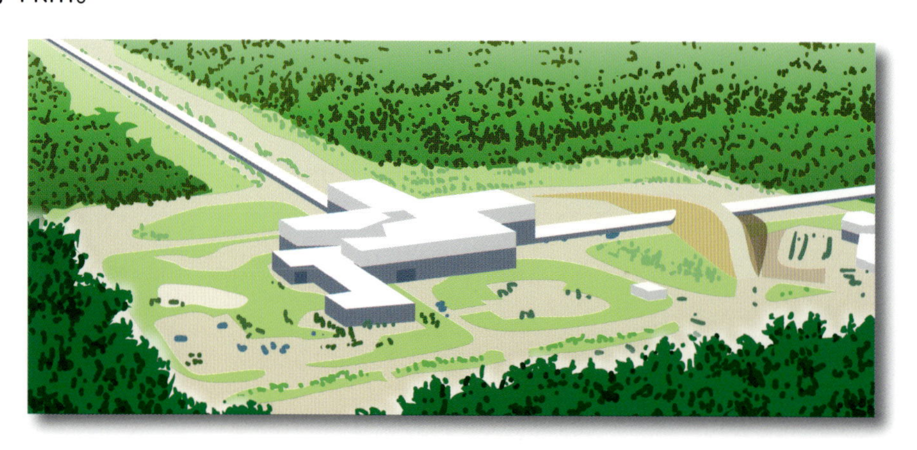

ブラックホールから出た重力波

LIGOで観測されたのは、13億光年はなれたところにある2つのブラックホールが合体したときに出た重力波です。太陽の質量の約36倍と約29倍の2つのブラックホールが近づいていき、最後に合体して1つのブラックホールになったのです。

2016年6月には、やはりLIGOで、2015年12月にも重力波をとらえたと発表がありました。そのときの重力波は、14億光年はなれたところで、太陽の質量の約14倍と約8倍の2つのブラックホールが合体したときに出たものでした。

2015年にはじめて観測された重力波は、2つのブラックホールが近づいていき、合体したときに生じたものだった（想像図）。

観測された重力波のデータ

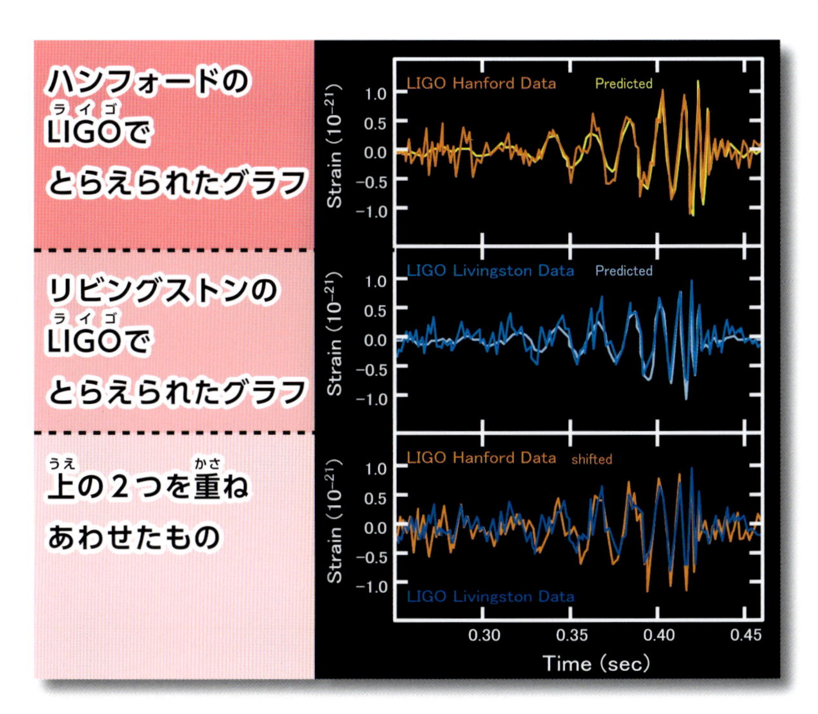

ハンフォードとリビングストンでは、重力波が0.007秒ずれて検出された。その2か所は数千kmもはなれているので、光速で進む重力波がずれて到着したのだ。

ハンフォードのグラフを0.007秒前にずらして、上下を反転させている。上下を反転させているのは、ハンフォードとリビングストンの検出器の向きがちがっているので、そのままでは重ならないため。両方のグラフがほぼ重なったことで、地面がゆれたりしたために生じたものではないことがわかった。

KAGRAのしくみ

地下につくられた高感度の検出装置

重力波をとらえる計画は、日本でも進められています。岐阜県飛騨市の旧神岡鉱山の地下に、「KAGRA（大型低温重力波望遠鏡）」とよばれる重力波観測装置がつくられました。

KAGRAは、LIGOと同じようなレーザー干渉計です。重力波によって空間がのびちぢみするのは、ほんの少しです。たとえば、LIGOがとらえた重力波による空間ののびちぢみは、太陽と地球の間のきょり（およそ１億4960万km）に対して水素原子１個分（1000万分の１mm）くらいです。のびちぢみするのはほんの少しだけですから、重力波をとらえるのはとてもたいへんです。

とても小さな空間ののびちぢみをとらえるには、地面が少しゆれるだけでもじゃまになります。そのためKAGRAは、地上にくらべてゆれが少ない地下につくられています。また、鏡をとても冷たくすることで、感度をより上げています。このような工夫は、いまある重力波検出装置の中ではKAGRAにしかないものです。それらの工夫によって、感度よく重力波の観測ができるようになっています。

KAGRAは岐阜県飛騨市につくられた。KAGRAの“腕”の長さは約3km。地下200mより深いところにトンネルをほり、大型低温重力波望遠鏡を設置した。ゆれの大きさは地上の約100分の１と小さい。

これがKAGRAだ！

トンネル内にKAGRAのレーザー干渉計などが置かれている。写真のパイプの中は真空になっていて、レーザー光が走る。

KAGRAには、マイナス253℃まで冷却された反射鏡が置かれている。

以前にKAGRAの性能を試験していたテスト機の「CLIO」の一部。

重力波で宇宙を観測

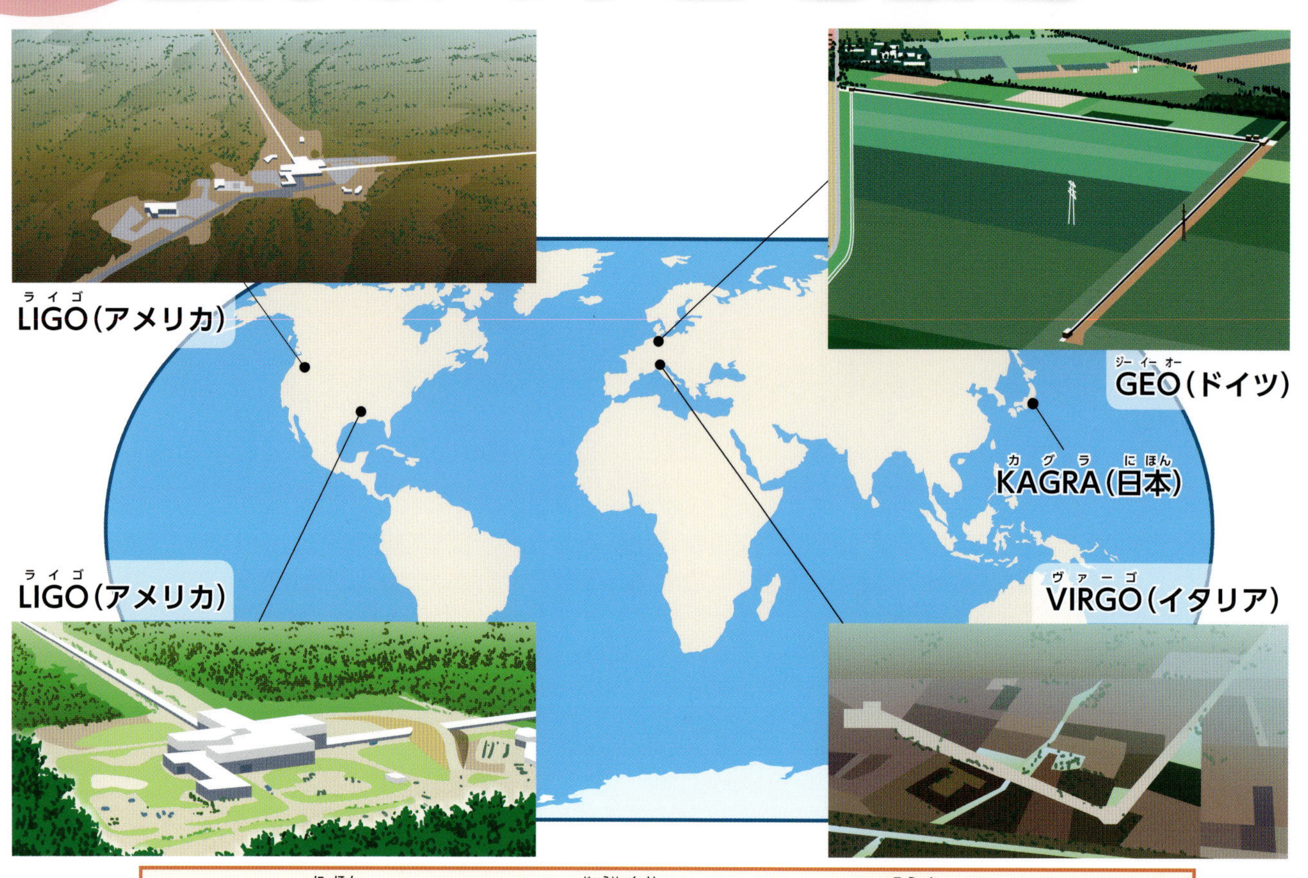

アメリカや日本、ヨーロッパで、重力波をとらえるための装置がつくられている。

なぜ何か所も必要？

アメリカではLIGO、日本ではKAGRAによる観測が進められているほか、イタリアのピサには「VIRGO」という装置があります。VIRGOはイタリアとフランスがいっしょに計画を進めているものです。どれもレーザー干渉計で、LIGOは“腕”の長さが4km、KAGRAとVIRGOは3kmです。また、イギリスとドイツがいっしょに進めている「GEO」という装置(“腕”の長さが600m)が、ドイツのハノーバーにあります。

このように、観測装置が世界中で何台もつくられているのはなぜでしょう。じつは1台だけでは、重力波がどちらの方向からやってくるのかがよくわかりません。はなれたところに何台かの装置があると、ほんの少しだけですが、重力波をとらえるのに時間差ができます。その時間差などから計算することで、重力波がやってきた方向を知ることができるのです。観測装置の数が多いほど、重力波が出た位置を正確に知ることができます。

重力波でどんな天体を観測するの？

重い星の最後の大爆発は、超新星爆発(→p.39)とよばれます。星の質量が太陽の8〜30倍だと、爆発のあとに「中性子星」という星が残ります。中性子星は、質量が太陽の1.4倍あるのに、半径10kmくらいしかありません。小さいのに重く、ブラックホールほどではありませんが、とても重力の強い星です。

２つの星がまわりあっているものを「連星」といいます。LIGOはブラックホールの連星の合体で出た重力波をとらえましたが、中性子星の連星が合体したときに出る重力波も、いまある重力波観測装置のターゲットです。また、超新星爆発のときにも重力波が出ます。ふつうの望遠鏡では、爆発のときの内側のようすは見えませんが、重力波はほとんどのものを通りぬけるので、内側のようすも探ることができます。同じように、ふつうの望遠鏡では見ることができない宇宙のはじまりのころのようすも、重力波を使えば探ることができるのではないかと考えられています。

重力波望遠鏡のターゲット

たとえば、超新星爆発や、超新星爆発のあとにできる中性子星の連星の合体、ブラックホール連星の合体などにより出た重力波をとらえる。

超新星爆発のあとに残された「超新星残骸」（かに星雲）。写真の中心部には中性子星がある。

ブラックホール連星

中性子星。高速で自転しながら、上下にビームを出している。

重力波で何がわかるの!?

宇宙誕生のひみつを探る

とても高温だった宇宙は、ビッグバンのあと、ふくらみながら少しずつ冷えていった。
光で観測できるのは、宇宙誕生から38万年たった「宇宙の晴れ上がり」とよばれる時期よりあとだ。

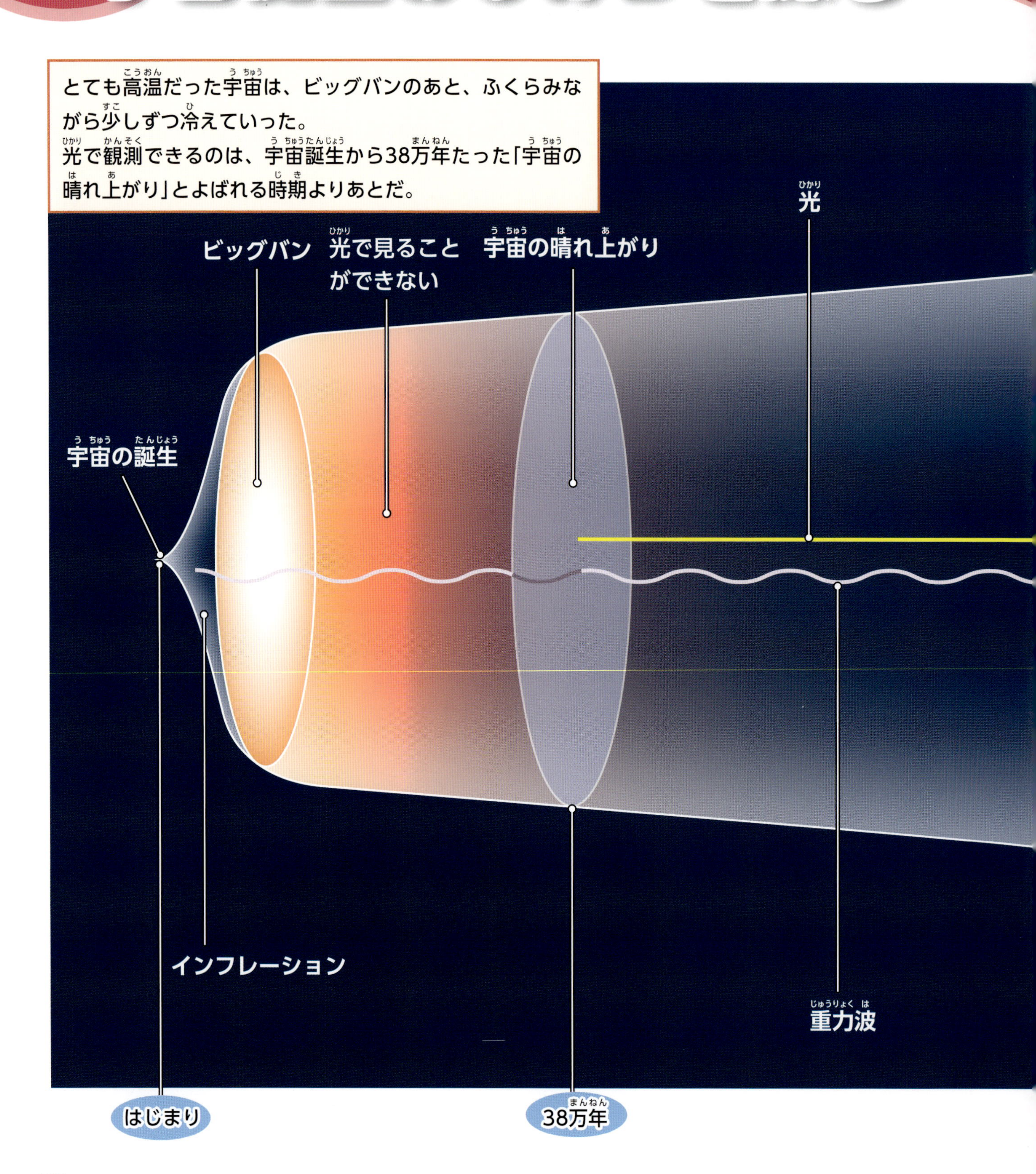

重力波を使った天体観測

重力波は光よりもむかしの時代を観測できる。重力波を調べれば、宇宙が誕生した直後の情報もえられる可能性がある。

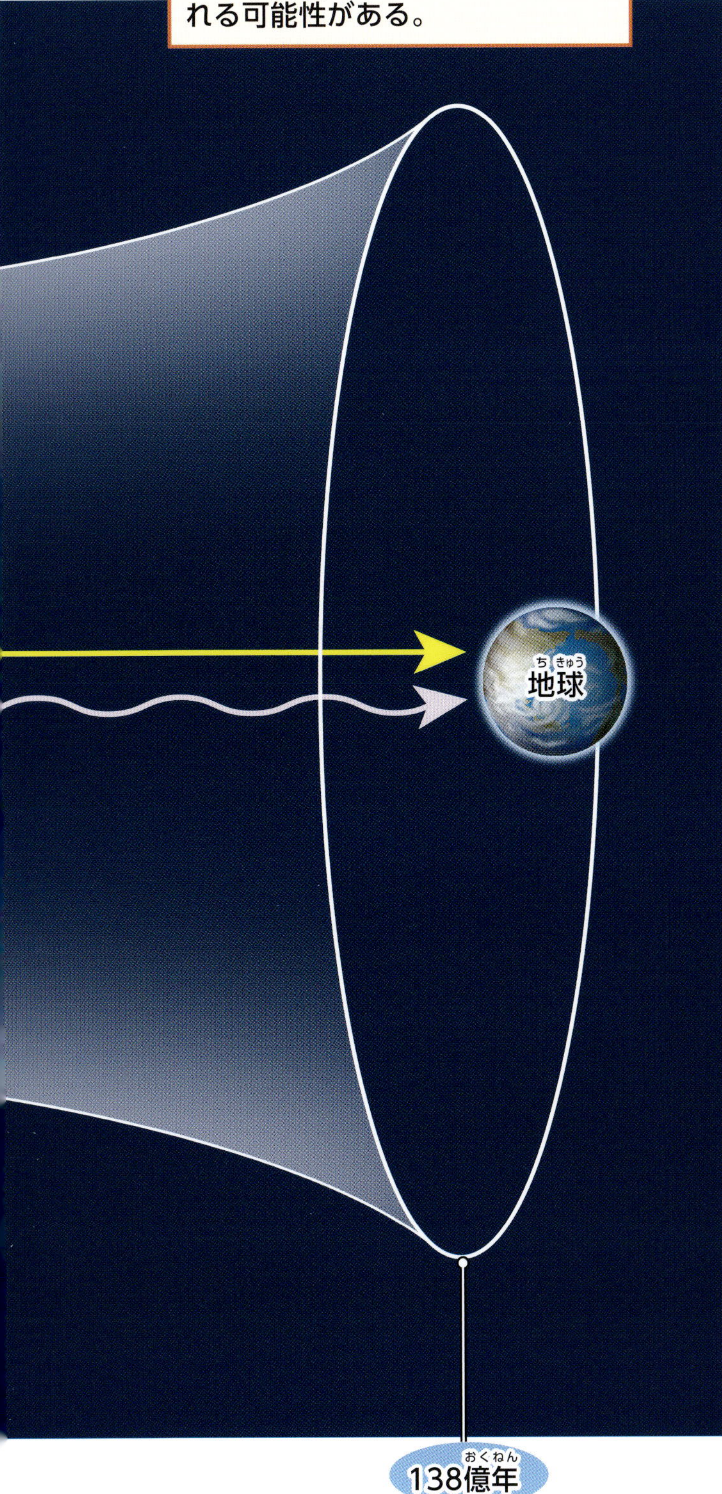

宇宙誕生直後のようすを重力波で見る

ビッグバン(→p.44)の前には、宇宙はものすごいいきおいでふくらんだ時期があったと考えられています。ほんの一瞬のうちに、アメーバが銀河系くらいの大きさにふくらむのと同じくらいの比率で、あっという間に急膨張したというのです。

この急膨張は「インフレーション」とよばれています。それらのインフレーションやビッグバンなどのときにも、重力波が出たと考えられています。

ビッグバンの瞬間を望遠鏡で見ることはできません。まるで、きりがかかっているかのように、ビッグバンのころを見通すことはできないのです。

しかし、きりにつつまれていても音は聞こえるように、光で見ることができなくても、重力波でなら見ることができます。宇宙が生まれたころに発生した重力波をとらえられれば、そのころのようすを探ることができるようになると期待されています。

そのような重力波を観測するには、いまある重力波観測装置ではむずかしいかもしれません。将来さらに性能がアップした装置や、日本でも建設が検討されている重力波探査衛星などによって、宇宙のはじまりのころの重力波が発見される日が来るのではないかと期待されています。

さくいん

あ

アイザック・ニュートン……22,23,28
アインシュタインの十字架……37
アポロ15号……17
アポロ14号……12
アポロ16号……2
アルベルト・アインシュタイン……2,3,30,32,34,35,36,44,48,54
アルバート・マイケルソン……52
暗黒物質……3,42
厳島神社……26
一般相対性理論……2,3,34,36,40,44,48,54
インフレーション……60,61
VIRGO……58
うずまき銀河……42
宇宙の晴れ上がり……60
X線……43
遠心力……22,25,35
大潮……27

か

カーナビ……41
海王星……20,28
皆既日食……36
KAGRA（大型低温重力波望遠鏡）……56〜58
下弦の月……27
火星……20,21
加速……19
かに星雲……59
ガリレオ・ガリレイ……17
干渉……52,53
干渉計……52
慣性……18
慣性の法則……18,24
慣性力……19,32,33
干潮……26,27
干満の差……27
銀河……36〜38,42,43
銀河団……37,43
金星……20,21
空間……2,3,30,34,35,48〜51,53
空気ていこう……17
クォーク……46
ケプラーの法則……20
原子……46
原子核……46
減速……19
光源……50〜53
恒星……22
光速……49,50
光速度不変の原理……30
公転……25
公転軌道……20
公転周期……21
小潮……27

さ

酸素……46
酸素原子……46
GEO……58
GPS（全地球測位システム）……41
潮の干満……26,27
時間……30,31,40,41,45,51,52
事象の地平面……38
質量……14,15,22,23,34〜36,38〜41,49,55,59
自転……22
重力の大きさ……12
重力波……3,47〜56,58〜61
重力波観測装置……59,61
重力波観測天文台……54
重力レンズ……36,37,43,48
受光器……50,51
焦点……20
磁気……46
真空……17

新月……27
人工衛星……41
水星……20,21,40
水素……46
水素原子……46,56
スマートフォン……41
赤道……41
相対性原理……31
相対性理論……30,41
素粒子……46

た

ダークエネルギー……3
ダークマター……3,42,43
体重……8,9,12～15
台ばかり……9
太陽……20,21,27
太陽系……13,28,40
だるま落とし……18
弾丸銀河団……43
中性子……46
中性子星……39,59
超新星残骸……59
超新星爆発……39,59
超ひも理論……46
月……2,12,15,23～27,36
強い力……46
電気……46
電磁気力……46
天王星……20,28
電波……41
天秤ばかり……14,15
等価原理……32,34
等速直線運動……18,19,24,31,34
特異点……38
特殊相対性理論……30,31
土星……20,28

は

ハッブル宇宙望遠鏡……36
バネばかり……9～12,14
バルジ……42
反射……52
反射鏡……57
反比例……22
ハンフォード……54,55
万有引力……22,23,28
万有引力の法則……22
ビッグバン……3,44,60,61
ビッグバン理論……44
ブラックホール……3,38～41,48,49,55,59
ボイジャー2号……28

ま

マイケルソン干渉計……52
満月……27
満潮……26,27
水分子……46
無重力……3,32
木星……13,20,41

や

陽子……46
ヨハネス・ケプラー……20
弱い力……46

ら

LIGO……54～56,58,59
落体の法則……16,17
リビングストン……54,55
粒子……46
累乗……21
レーザー干渉計……56～58
連星……59

わ

惑星……13,20～23

監修者

佐藤勝彦（さとう　かつひこ）

1945年生まれ。1974年京都大学大学院理学研究科博士課程修了。1976年京都大学理学部助手、1982年東京大学理学部助教授、1990年東京大学理学部教授。1999年理学系附属ビッグバン宇宙国際研究センター長。2001年から大学院理学系研究科長・理学部長を務める。2009年より東京大学名誉教授。2016年より日本学術振興会学術システム研究センター所長。著書に『インフレーション宇宙論―ビッグバンの前に何が起こったのか』（講談社）や『相対性理論から100年でわかったこと』（PHP研究所）などがある。

執筆

岡本典明（おかもと　のりあき）

おもな参考文献

『中学理科の物理学』 福地孝宏／著　誠文堂新光社、『ニュートン別冊　重力とは何か？　増補第2版』ニュートンプレス、『ニュートン別冊　みるみる理解できる　相対性理論 改訂版』ニュートンプレス、『ニュートン別冊　ニュートン力学と万有引力』ニュートンプレス、『はじめての相対性理論』 佐藤勝彦／監修　PHP研究所、『図解雑学 重力と一般相対性理論』 二間瀬敏史／著　ナツメ社、『ブラックホール・膨張宇宙・重力波』 真貝寿明／著　光文社、『国立天文台ニュース2014年2月号（No.247）（特集　重力波天文学が拓く宇宙）』 大学共同利用機関法人 自然科学研究機構　国立天文台ニュース編集委員会、『14歳からの宇宙論』 佐藤勝彦／著　河出書房新社

・参考ホームページ

http://gwpo.nao.ac.jp　国立天文台 重力波プロジェクト推進室

http://gwcenter.icrr.u-tokyo.ac.jp　KAGRA 大型低温重力波望遠鏡

https://www.ligo.caltech.edu　LIGO Lab | Caltech | MIT

イラスト　イラストレーターしゅうさく

かんばこうじ

K-SuKe

資料提供　藤澤健太／山口大学時間学研究所……p.40～41

写真提供　三代木伸二／東京大学宇宙線研究所附属重力波観測研究施設

NASA（National Aeronautics and Space Administration／アメリカ航空宇宙局）

表1……NASA／JPL-Caltech、p. 2……（アポロ16号）NASA／GSFC／Arizona State University、p. 3……NASA／JPL／JAXA、p. 8～26……(惑星と天秤)NASA／JPL-Caltech、p.12……(アポロ14号)NASA／GSFC／Arizona State University、p.13……（木星）NASA／JPL、p.28……（海王星）NASA／JPL、p.30～44……（ブラックホール）NASA、p.37 ……（アインシュタインの十字架）NASA／ESA／STScl、p.42……（うずまき銀河）NASA／JPL-Caltech／ESA／STScl／CXC、p.43……（弾丸銀河団）X-ray: NASA／CXC／M.Markevitch et al.　p.49……（重力波）LIGO、p.59……（かに星雲）NASA／ESA／JPL／Arizona State University

編集・デザイン　ジーグレイプ株式会社

よくわかる重力と宇宙

基本法則から重力波まで

2017年3月31日　第1版第1刷発行

監修者　佐藤勝彦

発行者　山崎至

発行所　株式会社PHP研究所

東京本部　〒135-8137　江東区豊洲5-6-52

児童書局　出版部　☎ 03-3520-9635（編集）

普及部　☎ 03-3520-9634（販売）

京都本部　〒601-8411　京都市南区西九条北ノ内町11

PHP INTERFACE　http://www.php.co.jp/

印刷所 製本所　図書印刷株式会社

ISBN978-4-569-78649-0

63P 29cm NDC423